ZHONGGUO MINGCHA 400 WEN

中国名茶

400问

● 索扬　田立平 —— 主编

U0380473

中国农业出版社

北京

图书在版编目（CIP）数据

中国名茶400问 / 索扬, 田立平主编. — 北京：中国农业出版社，2019.1（2022.9重印）
ISBN 978-7-109-24145-9

Ⅰ．①中… Ⅱ．①索… ②田… Ⅲ．①茶叶－中国－问题解答 Ⅳ．①TS272.5-44

中国版本图书馆CIP数据核字（2018）第102421号

中国农业出版社出版
（北京市朝阳区麦子店街18号楼）
（邮政编码100125）
策划编辑　李梅
责任编辑　李梅　甘露佳

北京中科印刷有限公司印刷　新华书店北京发行所发行
2019年1月第1版　2022年9月北京第6次印刷

开本：710mm×1000mm　1/16　印张：10
字数：200千字
定价：39.90元
（凡本版图书出现印刷、装订错误，请向出版社发行部调换）

中国茶中有名字的就有几千种，其中质优而具知名度，外形或内质独特，历史悠久或近年曾斩获奖项的茶，就是中国名茶。

何为名茶

中国十大名茶

（一）西湖龙井

（八）大红袍

（九）凤凰单丛

（十）祁门红茶

（十一）君山银针

中国省级名茶

（三）安徽省名茶

历史名茶

何为名茶

中国名茶命名有规律，

成为名茶有条件——

质优而具知名度，外形、内质独特，

或历史悠久，或斩获奖项。

001 中国茶是怎样命名的

中国茶命名多与地方名胜、茶叶外形、香气、采制时间、加工工艺、茶树品种、产茶地等相关。

① 根据名山、名地、名寺命名，如浙江省杭州市西湖山区的"西湖龙井"；四川蒙顶山的"蒙顶甘露"；浙江普陀山的"普陀佛茶"；江西庐山的"庐山云雾"；云南苍山的"苍山雪绿"等。

② 根据茶叶外形命名，如形似瓜子的安徽六安地区的"六安瓜片"；形似螺形的江苏省苏州市的"碧螺春"；形似雀舌的安徽省黄山市的"黄山毛峰"；形似竹叶的四川省峨眉山的"竹叶青"；形如针形的湖南省岳阳市的"君山银针"等。

③ 根据茶叶的香气、滋味特点命名，如具有兰花香的安徽省舒城的"兰花茶"；滋味微苦的湖南省江华市的"苦茶"。

④ 根据采摘时间和季节命名，如清明节前采制的称"明前茶"，谷雨前采制的称"雨前茶"；4～5月采制的称"春茶"，8～10月采制的称"秋茶"；当年采制的称"新茶"，不是当年采制的称"陈茶"。

⑤ 根据加工制作工艺命名，如根据杀青的方式分为炒青茶、烘青茶、晒青茶、蒸青茶；用花加茶窨制而成的称"花茶"；茶叶经蒸压而成的称"紧压茶"。

⑥ 根据茶树品种命名，如乌龙茶中的"铁观音""水仙""肉桂""奇兰"等，既是茶叶名称，又是茶树品种名称。

⑦ 根据产地命名，如浙江的"安吉白茶"，江西的"婺源绿茶"，广东的"英德红茶"，云南的"滇红"，安徽的"祁门红茶"等。

002 什么是"名茶"

名茶就是具有一定知名度的优质茶，通常具有独特的外形和优异的色、香、味品质。

名茶有多种划分、评价标准，如：

① 历代产生发展而形成的名茶，被称为"历史名茶"；

② 现代新创制的名茶，被称为"新创名茶"；

③ 各产茶地区生产的名茶，被称为"地方名茶"；

④ 经过省、自治区、直辖市一级组织评审认可的名茶，被称为"省级名茶"；

⑤ 经过国家部委一级组织评审认可的名茶，被称为"国优名茶"。

003 什么是"名优茶"

"名优茶"是各产茶地生产的名茶和优质茶的统称。名优茶的形成往往有一定的历史渊源或一定的人文地理条件，如有风景名胜、优越的自然条件和生态环境等。名优茶的形成还与茶树品种优良、肥培管理较好、有一定的采制和品质标准等有关。

004 名茶应具备哪些条件

一般来说，名茶多需要具备四个条件：

① 具有优异的品质和代表性的独特外形，与一般商品茶有显著区别；

② 曾经是历史上的贡茶；

③ 曾经参加国际或全国性的茶叶评比并得奖；

④ 曾是传统名茶，且现在仍然继续生产。

005 现代名茶依据发展历史如何分类

中国现代名茶有上千种，根据发展历史分析，可归纳为三类：传统名茶、恢复历史名茶、新创名茶。

① 传统名茶即历史名茶，基本保持原有的制茶工艺与品质风格。如西湖龙井、洞庭碧螺春、六安瓜片、庐山云雾、恩施玉露、武夷岩茶、君山银针、祁门红茶、云南普洱茶等。

② 恢复历史名茶，即历史上曾有过这类名茶，后来未能持续生产或已失传，经过研究创新，恢复原有的茶名，有些已不再保持原来的制茶工艺与品质风格。如休宁松萝茶、涌溪火青、敬亭绿雪、蒙顶甘露、蒙顶黄芽、阳羡雪芽、金奖惠明、顾渚紫笋、径山茶、雁荡毛峰等。

③ 新创名茶，即近几十年新创制的名茶。如婺源茗眉、南京雨花茶、无锡毫茶、天柱剑毫、千岛玉叶、松阳银猴、都匀毛尖、南糯白毫、午子仙毫等。

中国十大名茶

中国"十大名茶"有不同版本，

但入选的均为茶中极品。

综合各种评选，

本章介绍最常进入我们视野的"中国十大名茶"。

006 中国十大名茶有哪些

中国十大名茶是十种在中国比较具有代表性的名茶。不过，关于中国十大名茶说法不一：

1999年，认定洞庭碧螺春、西湖龙井、祁门红茶、六安瓜片、屯溪绿茶、太平猴魁、西坪乌龙茶、云南普洱茶、高山云雾茶、黄山毛峰是中国十大名茶。

2001年，认定西湖龙井、黄山毛峰、洞庭碧螺春、蒙顶甘露、信阳毛尖、都匀毛尖、庐山云雾、六安瓜片、安溪铁观音、银毫茉莉花是中国的十大名茶。

2002年，认定西湖龙井、洞庭碧螺春、黄山毛峰、君山银针、信阳毛尖、祁门红茶、六安瓜片、都匀毛尖、武夷岩茶、安溪铁观音是中国的十大名茶。

综合各次公布结果，西湖龙井、洞庭碧螺春、黄山毛峰、六安瓜片这四款茶年年入围中国十大名茶，这些茶叶在色、香、味、形上具有独特的风格和鲜明的特点，可谓中华茶叶极品。

以下列举的十一种名茶可为"中国十大名茶"参考：

	茶名	茶类	产地	茶叶特点	关键词
1	西湖龙井	绿茶	浙江杭州	色绿、香郁、味醇、形美	十大名茶之首、乾隆、御茶
2	洞庭碧螺春	绿茶	江苏苏州	花香果味	康熙、吓煞人香
3	信阳毛尖	绿茶	河南信阳	熟板栗香	豫毛峰
4	黄山毛峰	绿茶	安徽黄山	烘青绿茶、清香冷韵	茶中仙子
5	六安瓜片	绿茶	安徽六安	片形烘青绿茶	单叶片茶
6	太平猴魁	绿茶	安徽黄山	尖形烘青绿茶、猴韵	绿金王子
7	安溪铁观音	乌龙茶	福建安溪	观音韵	乌龙茶的代名词
8	大红袍	乌龙茶	福建	岩韵	茶中状元
9	凤凰单丛	乌龙茶	广东潮州	山韵	单丛、香型
10	祁门红茶	红茶	安徽祁门	祁门香	世界三大高香茶之一
11	君山银针	黄茶	湖南君山	三起三落	全芽头

（一）西湖龙井

007 西湖龙井是如何得名的

　　龙井茶得名于龙井。龙井位于西湖
西边翁家山的西北麓，也就是现在的龙
井村。龙井茶产地分布在龙井村四周的
秀山峻峰，故名"西湖龙井茶"，位居
中国十大名茶之首。

龙井茶

　　"龙井"是茶名、地名、村名，也
是泉名。龙井原名龙泓，是一个圆形的
泉池，大旱不涸，古人以为此泉与海相通，其中有龙，故称"龙井"。

008 西湖龙井历史上被分为哪几个品类

　　根据产地和炒制工艺的不同，西湖龙井茶历史上被分为"狮"
"龙""云""虎""梅"五个品类。

　　① "狮"是"狮峰"，以狮峰山为中心的胡公庙一带所产的龙井茶称
为狮峰龙井，品质最佳；

　　② "龙"是"龙井"，指翁家山一带所产的龙井茶；

　　③ "云"是"云栖"，指云栖一带所产的龙井茶；

　　④ "虎"是"虎跑"，指虎跑、四眼井一带出产的龙井茶；

　　⑤ "梅"是"梅坞"，指梅家坞一带所产的龙井茶。

　　现在的西湖龙井已由过去的"狮""龙""云""虎""梅"五个品
类调整为"狮""龙""梅"三个品类。

009 西湖龙井与乾隆的传说故事是怎样的

　　西湖龙井茶的很多故事都跟乾隆有关系，尤其是扁形茶的来历。

传说乾隆皇帝下江南时，来到杭州龙井狮峰山下，看乡女采茶，心中一乐，也学着采了起来。刚采了一把，忽然太监来报，说太后病了。乾隆皇帝一听，随手将一把茶叶向袋内一放，日夜兼程赶回京城。其实太后只是山珍海味吃多了，一时肝火上升，双眼红肿，胃里不适，并没有大病。此时见皇儿来到，只觉一股清香传来，便问带来什么好东西。皇帝也觉得奇怪，哪来的清香呢？他想起来是采的一把茶叶散发出的香气，拿出来一看，茶叶压扁了。这就是扁形茶的来历，自此，龙井茶以扁形传世。

　　太后想尝尝茶叶的味道，宫女将茶泡好，送到太后面前，果然清香扑鼻，太后喝了一口，双眼顿时舒适多了，喝完了茶，红肿消了，胃不胀了。太后高兴地说："杭州龙井的茶叶，真是灵丹妙药。"乾隆皇帝见太后这么高兴，立即传令下去，将杭州龙井狮峰山下胡公庙前那十八棵茶树封为御茶，每年采摘新茶，专门进贡太后。西湖龙井从此名气大增，成为最具有代表性的一款绿茶。

西湖区龙井茶园

010 为什么说西湖龙井是乾隆皇帝的真爱

西湖龙井在清代时已是中国三大名茶之一，清代有学者曾说："茶之名者，有浙之龙井，江南之芥片，闽之武夷云。"一生嗜茶的乾隆皇帝非常喜欢龙井茶。他六次下江南，四次到龙井茶区，观看龙井茶的采制，并留下品茶诗歌。

乾隆封胡公庙前的十八棵茶树为"御茶"，从此以后龙井茶驰名天下，寻访龙井茶者络绎不绝，这与乾隆皇帝对龙井茶的喜爱、赞美和推崇不无关系。

011 西湖龙井创制于何时

西湖龙井约始制于明末清初，但从何时起龙井茶成为现在的扁形，至今尚无定论。

西湖地区产茶历史悠久，据唐代陆羽《茶经》记载：天竺、灵隐二寺产茶。北宋时上天竺产的"白云茶"、下天竺产的"香林茶"、葛岭宝云山产的"宝云茶"已是贡茶。

从茶叶加工技术演变历史来推测，复杂、精细的扁形龙井茶约形成于明末清初（即1644年前后），距今约三百多年。明嘉靖年间的《浙江圖志》记载：杭郡诸茶，总不及龙井之产，而雨前细芽，取其一旗一枪，尤为珍品。明代高濂《四时幽赏录》记载：西湖之泉，以虎跑为最。两山之茶，以龙井为佳。

目前扁形茶主要有龙井、旗枪、大方三种，龙井以西湖为最，旗枪产于杭州周边，而大方茶产于安徽歙县。

012 西湖龙井的分级标准是什么

西湖龙井是绿茶，判断茶叶品质的好坏，除卫生指标需进行理化检验外，其他项目全依赖于感官审评。

西湖初春

感官审评按外形、汤色、香气、滋味和叶底五项因子进行，其中外形审评包括色泽、形态、嫩度（等级）、新鲜度等，是审评的重点。以往西湖龙井分为特级和一级至十级共十一级，其中特级又分为特一、特二和特三，其余每级再分为五等，每级的"级中"设置级别标准样。后来稍作简化，改为特级和一至八级，共分四十三等。1995年，西湖龙井的级别进一步简化，分为特级、一级、二级、三级和四级五个等级。

013 西湖龙井的采摘标准是什么

西湖龙井的采摘时间非常重要，当地流传着这样一句茶谚：前三日早，正三日宝，后三日草。这说明了龙井茶采摘的三个特点：早、嫩、勤。

清明前采制的龙井茶品质最佳，称"明前茶"。谷雨前采制的品质尚好，称"雨前茶"。龙井茶的采摘十分强调细嫩和完整，这也是鉴定茶叶品质的主要依据之一。

依据采摘时茶叶的不同嫩度，龙井有莲心、旗枪、雀舌之分。

① 刚刚吐绿的茶树芽叶鲜嫩，如同莲心，称为"莲心"；

② 采摘一芽一叶的，因叶似旗，芽似枪，称为"旗枪"；

③ 采摘一芽二叶的，因卷叶初展，形似雀舌，称为"雀舌"。

通常制作1千克特级西湖龙井茶，需要采摘七万至八万颗细嫩芽叶，经过挑选后，放入温度在80～100℃的特制的光滑铁锅中边压边翻炒，从而炒制出糙米色泽、外形扁平光滑、形似碗钉的龙井茶。

014 西湖龙井的加工工艺有什么特点

西湖龙井茶的独特魅力，离不开精湛的制茶工艺。采摘的鲜叶一般要在室内薄摊多半天，适度挥发鲜叶中的水分，以利于炒制，还可以去除茶叶中的青草味和苦涩味，增进茶香，提高鲜爽度。然后将经过薄摊的茶叶根据品质进行大、中、小三档的筛选分类，以此决定下一步的炒制。不同档次的鲜叶需采用不同的锅温和手法。

传统的龙井炒制手法包括抓、抖、搭、甩、推、扣、拓、捺、压、磨十大手法。炒制时，根据锅内鲜叶的嫩度、大小以及锅中茶坯的成形程度，茶师要不断变化手法，手不离茶，茶不离手，让人叹为观止。高级西湖龙井茶的炒制，完全凭借炒茶师的一双手在一口特制的光滑热铁锅中进行。整个炒制过程的操作和时间，都由炒茶人根据自己的经验来掌控，被称为"看茶做茶"。炒茶人的炒制技艺对龙井茶的品质影响很大，只有炒制技艺了得的炒茶师，才能炒出色、香、味、形俱佳的龙井茶。

015 优质西湖龙井的品质特征是什么

西湖龙井茶素有"色绿、香郁、味醇、形美"四绝之美誉。优质西湖龙井干茶色泽嫩绿光润，外形扁平光直，形似"碗钉"。冲泡后，茶汤嫩绿明亮，气味清香，滋味鲜爽甘醇，叶底细嫩成朵。

龙井茶

龙井茶茶汤

龙井茶叶底

016 如何冲泡西湖龙井

冲泡西湖龙井茶时，多使用无色透明的直筒玻璃杯，用85℃左右的开水冲泡，一杯用2～3克茶叶，冲泡时间为3～5分钟，一般饮至剩余1/3杯茶水时添水，一般添两三次水。

品饮西湖龙井应先闻香，再品茶。冲泡后，叶芽形如一旗一枪，簇立杯中，芽叶直立，交错上下沉浮，茶舞美妙。

017 西湖龙井＝龙井茶吗

西湖龙井≠龙井茶。

西湖龙井，是产于浙江杭州西湖一带的扁形炒青绿茶。

龙井茶，指一类扁形炒青绿茶。最早，龙井茶指狮峰山下老龙井周围茶区所出产的扁形炒青绿茶，后来生产这种茶的区域逐渐扩大，龙井茶就泛指西湖山区所产的西湖龙井。20世纪70年代后，龙井茶采制技术向外传播至浙江省其他产茶区乃至全国很多茶区，凡用西湖龙井茶的采制技术制作成的高档扁形炒青绿茶均称"龙井茶"，以"地名+龙井茶"的方式命名，如浙江龙井、新昌龙井、嵊州龙井、富阳龙井、海南金鼎龙井、台湾海山龙井等。不同产地的龙井茶滋味和香气不同。

018 如何存放西湖龙井

西湖龙井为绿茶，绿茶的存放需要注意以下几点：

① 应将茶叶存放在干燥、避光、通风好的阴凉处；

② 存放茶叶的容器密封效果要好；

③ 原味茶与带香味的茶分开存放；

④ 绿茶不能和有异味的物品（化妆品、洗涤剂、樟脑精等）一起存放，要远离厨房、卫生间等有异味的场所；

⑤ 绿茶的干燥度好，因此要轻拿轻放；

⑥ 用专用冰箱存放最佳。一般存放绿茶的温度需在0℃以下。

（二）洞庭碧螺春

019 洞庭碧螺春茶名的来历有怎样的传说

关于洞庭碧螺春茶名的来历，民间流传最广的有两种说法。

第一种说法：康熙皇帝赐名。相传清康熙年间，当地人在洞庭湖东碧螺峰石壁上发现了一种野茶，便采下带回做饮料。有一年，因产量特多，竹筐装不下，大家把多余的茶放在怀里，不料茶叶沾了热气，透出阵阵异香，采茶姑娘嘟囔着："吓煞人香！"这"吓煞人香"是苏州方言，意思是香气异常浓郁。于是众人争传，"吓煞人香"便成了茶名。康熙三十八年（1699年）康熙皇帝南巡到太湖，他认为"吓煞人香"这个名字不雅，便赐名为"碧螺春"，沿用至今。

第二种说法：碧螺姑娘的传说。相传很早以前，西洞庭山上住着一位名叫碧螺的姑娘，东洞庭山上住着一个名叫阿祥的小伙子，两人深深相爱着。有一年，太湖中出现了一条凶恶残暴的恶龙，扬言要抢走碧螺姑娘，阿祥决心与恶龙决一死战。一天晚上，阿祥操起鱼叉，潜到西洞庭山同恶龙搏斗，斗了七天七夜，双方都精疲力尽了，阿祥倒在血泊中。碧螺姑娘为了报答阿祥的救命之恩，亲自照料阿祥，可是阿祥的伤势仍旧一天天恶化。一天，碧螺姑娘来到阿祥与恶龙搏斗的地方找草药，忽然看到一棵小茶树长得特别好，心想这可是阿祥与恶龙搏斗的见证，应该把它培育好。于是碧螺开始精心培育这株小茶树，至清明前后，小茶树长出了嫩绿的芽叶，碧螺采摘了一把嫩梢，回家泡给阿祥喝。说也奇怪，阿祥喝了这茶，居然一天天好起来了。阿祥得救了，碧螺心上沉重的石头也落地了。可是，碧螺的身体再也支撑不住了，她倒在阿祥怀里永远地闭上了双眼。阿祥悲痛欲绝，就把碧螺埋在了洞庭山的茶树旁。从此，他努力培育茶树，采制名茶。"从来佳茗似佳人"，为了纪念碧螺姑娘，人们就把这种名贵的茶叶命名为"碧螺春"。

◯20 碧螺春产生于什么时期

洞庭山出产名茶，唐宋时期已有记载。唐代陆羽《茶经·八之出》中有"苏州长洲生洞庭山"的记载。洞庭小青山坞水月寺是唐代贡茶院遗址，现存一块残碑，上刻宋代诗人苏舜钦诗：万株松覆青云坞，千树梨开白云园。无碍泉香夸绝品，小青茶熟占魁元。诗中的"小青茶"又名水月茶，产自洞庭山，是宋代贡茶。

清康熙年间，洞庭茶成为碧螺春现在的样子。清代王应奎《柳南续笔》记载：洞庭东山碧螺峰石壁，产野茶数株，每岁土人持竹筐采归，以供日用，历数十年如是，未见其异也。……茶得热气异香忽发，采茶者争呼吓煞人香。康熙三十八年（1699年），康熙帝驾幸太湖，喝到"吓煞人香"，觉得茶名不雅，于是为之赐名"碧螺春"。

◯21 为什么洞庭碧螺春有独特的花香

古诗云：洞庭碧螺春，茶香百里醉。

碧螺春的独特花香源自产地独特的物候条件。太湖洞庭山分东、西两山，东山是一个宛如巨舟伸进太湖的半岛，西山是一个屹立在湖中的岛屿。两山风景优美，气候温和湿润，土壤肥沃。与众不同的是，洞庭山的茶树间种在枇杷、杨梅、柑橘等果树之中，茶叶既具有茶的特色，又具有花果的天然香味。洞庭碧螺春以形美、色艳、香高、味醇驰名中外。人们用"入山无处不飞翠，碧螺春香百里醉"来形容它的香高持久。

碧螺春茶

022 洞庭碧螺春的采摘标准是什么

洞庭碧螺春有"一嫩三鲜"之誉，"一嫩"指茶叶嫩，"三鲜"指色鲜、香鲜、味鲜。要求茶叶的采摘、拣剔、炒制等工序都非常精细。

碧螺春的采制要求极高，采摘时间从春分开始，到谷雨结束。采制于春分至清明的茶称"明前茶"，为绿茶中的上品，身价不菲。采制于谷雨前的称"雨前茶"，亦属佳品。谷雨后采制的品质一般。

所采鲜叶为一芽一叶初展，应及时进行精心拣剔，以保持芽叶匀整一致。高级碧螺春，500克干茶需要芽叶六七万个，由此可见茶芽的细嫩程度。历史上曾有碧螺春500克干茶达到九万个芽头，茶叶的细嫩，令人惊叹。

023 洞庭碧螺春的加工工艺有什么特点

碧螺春当天采摘，当天炒制，不炒隔夜茶，整个过程都是手工完成。采摘的茶鲜叶经过摊青后炒制，炒制过程分为杀青、揉捻、揉团（或搓团）、干燥等工序。

① 萎凋：将茶青在阴凉处摊放，使茶青失去部分水分。

多毫，银绿隐翠

② 杀青：在平锅或斜锅内进行，当锅温达到190~200℃时投叶500克左右，以抖为主，双手翻炒，做到捞净、抖散、杀匀、杀透、无红梗无红叶、无烟焦叶。

③ 揉捻：锅温70~75℃，采用抖、炒、揉三种手法交替进行，边抖，边炒，边揉，随着茶叶水分的减少，条索逐渐形成。炒时手握茶叶，松紧应适度。当茶叶达六七成干，继续降低锅温，转入搓团显毫过程。

④ 搓团显毫：锅温50~60℃，边炒边双手用力地将茶叶揉搓成数个小团，不时抖散，反复多次，搓至条形卷曲，茸毫显露，达八成干。

⑤ 干燥：采用轻揉、轻炒手法，以固定形状，继续显毫，蒸发水分。

024 碧螺春的"螺"字表现了茶的什么特点

碧螺春是螺形绿茶，茶叶经揉捻卷曲成螺形，这是碧螺春的外形特征。在制作碧螺春的工艺中，搓团显毫是形成碧螺春形状卷曲似螺、茸毫满披的关键工序。

025 洞庭碧螺春有何特点

洞庭碧螺春产于江苏省苏州市吴中区洞庭东、西山一带，是绿茶中的佼佼者，属卷曲形炒青绿茶（或称螺形炒青绿茶）。

洞庭碧螺春干茶条索紧细，卷曲成螺，银绿隐翠，满披茸毛；茶汤色青绿、清澈，花香浓郁，清香文雅，高而持久，滋味鲜醇；叶底柔嫩，嫩绿显黄，明亮，有光泽、有韧性。

碧螺春

碧螺春茶汤

碧螺春叶底

026 洞庭碧螺春分几级

目前，洞庭碧螺春分为特级一等、特级二等、一级、二级和三级五个等级，芽叶随级别逐渐增大，茸毛逐渐减少。级别数字越小，茶叶品质越高。

027 碧螺春=洞庭碧螺春吗

碧螺春 ≠ 洞庭碧螺春。

洞庭碧螺春，指产于江苏省苏州市吴中区洞庭山一带的卷曲形炒青绿茶。

碧螺春指的是一类茶，即用洞庭碧螺春的制作工艺制作成的茶，如云南出产的碧螺春。

028 洞庭碧螺春应如何冲泡

因碧螺春茶毫多，故使用上投法（先注入沸水，后放入茶叶的置茶法）冲泡，以避免茶汤因茶毫被水击打而浑浊。

碧螺春的冲泡极具美感，为了方便观赏茶舞，可选用洁净透明的玻璃杯。每杯茶用茶叶3克，可根据喜好调整茶叶用量的多少。在泡茶水温方面，高档碧螺春用75℃热水冲泡。

冲泡碧螺春时，应先温杯，之后注入75℃的热水至杯的七分满，然后将茶叶徐徐拨入杯中，满披茸毛的细嫩茶芽吸水后迅速沉降舒展，茶汤渐显玉色，清香扑鼻。浸泡两三分钟，就可以慢慢品饮了。

满披茶毫的碧螺春

上投法

（三）信阳毛尖

029 信阳毛尖因何得名

信阳毛尖得名于清末，因该茶芽叶细嫩有峰梢，并有白毫而得名"毛尖"，又因产地在信阳，故名"信阳毛尖"。

历史上，信阳茶有过不同的叫法。唐朝时，信阳茶名"大模茶"；明朝时，信阳茶叫"芽茶"或"叶茶"；清末，"毛尖"这个名称才出现。

信阳毛尖曾荣获1915年万国博览会名茶优质奖，1959年被列为我国十大名茶之一，1982年被评为国家商业部优质产品。

030 信阳毛尖有什么小典故

传说很久以前，信阳并不产茶，当地的贪官和地主勾结，压榨百姓，百姓生活十分贫苦。后来，当地流传了一种怪病，无药可医，很多人都死了。

一个名叫春姑的姑娘心地十分善良，她很想拯救患病的人们。一天，一个老人家告诉春姑，在一处山上长着可以治疗这种疾病的树，但是要翻山越岭走上几十天。春姑按照老人家的话走了九十多天，历尽磨难最终找到了茶树。

看树的神仙告诉她只有在十天内将茶种种到土里才能长成茶树，但是路途遥远，春姑犯了难。神仙知道后就将春姑变为了画眉，她用尽全身力气飞了回去，将种子放入泥土中，随后却因心力交瘁去世了，变成了守护茶树的石头。后来茶树长成了，从林中飞出许多小画眉，将茶叶一片片放入病人口中，人们的病就都好了。从此以后，信阳的人们开始种植茶树。

031 信阳毛尖产地的自然环境如何

信阳毛尖也称"豫毛峰"，产于河南省大别山区的信阳县，已有两千多年的历史。信阳县的茶园主要分布在车云山、集云山、云雾山、震雷山和黑龙潭等地的山谷之间。这里地势高峻，溪流纵横，云雾弥漫，还有豫南著名的"黑龙潭""白龙潭"，独特的地形和气候孕育了肥壮柔嫩的茶芽，为信阳毛尖独特的风味提供了天然条件。

032 信阳毛尖的采摘标准是什么

信阳毛尖有春、夏、秋茶之分。谷雨前后采春茶，芒种前后采夏茶，立秋前后采秋茶。

因茶区所处的纬度不同，采摘时间也略有不同，高纬度地区茶园开园比一般南方茶区晚一些。开园的前几天，适逢嫩芽初生，可采摘的茶芽数量很少，被称为"跑山尖"。谷雨前后采摘的春茶叫"头茶"，其中谷雨前采制的"雨前毛尖"是信阳毛尖中的精品。之后每隔两三天采摘一次。

信阳毛尖的采摘标准严格，以一芽一叶或一芽二叶初展所制茶叶为特级和一级毛尖；一芽二三叶所制茶叶为二级、三级毛尖。春茶的采摘五月底结束。几天后开始采摘夏茶，采摘期为一个月左右。立秋后开始采秋茶。

033 信阳毛尖的制作工艺是怎样的

采摘的鲜叶经适当摊放后进行炒制，先生炒，经杀青、揉捻，再熟炒，使成品茶叶达到外形细、圆紧、直、光、多毫，以保证信阳毛尖内质清香、叶绿汤浓。

034 信阳毛尖有何特点

信阳毛尖干茶外形条索紧细、圆、光、直，白毫显露，有锋苗，色泽翠绿、油润光滑；冲泡后，汤色嫩绿明亮，香气高鲜，有熟板栗香，滋味鲜醇，余味回甘，叶底嫩绿匀整。

035 信阳毛尖如何分级

目前，信阳毛尖春茶分为特优、特级、一级、二级、三级共五个等级；夏、秋茶分为一级、二级、三级共三个等级。

信阳毛尖

信阳毛尖茶汤

信阳毛尖叶底

（四）黄山毛峰

036 黄山毛峰因何得名

黄山毛峰

清代光绪年间，漕溪（今安徽省黄山市徽州区富溪乡）人谢氏在上海漕溪路开设茶行，为了茶行有好茶以提高市场竞争力，满足高档茶的消费需求，谢氏带领族人寻访高山好茶，在漕溪充川一带采摘肥壮的嫩芽、嫩叶，以手工精细炒焙制成茶叶，很受茶客欢迎。因此茶近黄色如象牙，鲜叶又采自黄山地带，干茶峰毫显露，故被命名为"黄山毛峰"。

黄山毛峰四大名产地为汤口、岗村、杨村、芳村，又称"四大名家"。现在黄山毛峰产区已扩展到黄山市的三区四县。

037 黄山毛峰的典故是怎样的

传说明朝天启年间，黟县新任县官熊开元到黄山春游，迷了路，遇到一位腰挎竹篓的老和尚，便借宿于寺院中。老和尚泡茶敬客，熊开元细看，这茶叶色微黄，形似雀舌，身披白毫，冲泡之后，只见热气绕碗边转了一圈，转到碗心就直线升腾约有一尺（"尺"为中国古代计量单位，现在是非法定计量单位。1尺约33厘米）高，然后在空中转了一圈，像一朵莲花，之后又慢慢上升化成一团云雾，最后散成缕缕热气飘荡开来，清香满室。熊开元问后得知此茶名叫黄山毛峰。临别时，老和尚赠茶一包和黄山泉水一葫芦，并嘱咐熊开元，一定要用黄山泉水冲泡黄山毛峰才能出现白莲奇景。

熊开元回家后，遇老友太平县知县来访，便冲泡黄山毛峰表演了一番。太平县知县甚是惊喜，便献仙茶给皇帝邀功请赏。皇帝让太平县知县进宫表演，然而白莲奇景却未出现，皇帝大怒。熊开元进宫后听说了这件事，细想之下，知道是没有使用黄山泉水的缘故。于是取来黄山泉水，再现白莲奇观，皇帝大喜，提拔熊开元做了巡抚。

熊开元心中非常感慨：黄山名茶尚且有所坚持，非本地泉水不展现风姿，何况为人呢！于是脱下官服，来到黄山云谷寺出家做了和尚，法名正志。如今，在苍松入云、修竹夹道的云谷寺下的路旁，有一檗庵大师墓塔遗址，相传这就是正志和尚（熊开元）的坟墓遗址。

038 黄山毛峰的采摘标准是什么

黄山毛峰的采制期为清明到立夏前，按等级不同采摘标准有所区别。通常特级黄山毛峰在清明前后开采，采摘标准为一芽一叶初展，制成的成品茶每500克有两万多个芽头。一级毛峰采摘标准为一芽一叶和一芽二叶初展。二级、三级毛峰在谷雨前后采制，采摘标准为一芽二叶或一芽三叶初展。采摘回的鲜叶，需进行严格挑选，剔去老叶、茎后，再进行加工。

039 黄山毛峰的加工工艺有什么特点

黄山毛峰加工采取烘青绿茶的制法，经过杀青、揉捻、烘焙三道工序制成，其中烘焙工艺最为讲究，一定要控制好火候，避免破坏茶叶的香味和碰落茶身的白毫，以免使细嫩茶叶受损。待所有制作工序完成后加盖密封保存。

040 黄山毛峰有何特点

黄山毛峰主产于安徽省黄山风景区，这里气候湿润，日照时间短，一年有近300天雾气弥漫，茶树就生长在这种仙气缭绕、幽兰丛生的仙境中，滋养了黄山毛峰"清香冷韵"的气质。

特级黄山毛峰外形如雀舌，满披白毫，色如象牙，芽叶油润光亮，绿中泛黄，且带有金黄色鱼叶，俗称"金黄片"。金黄片和象牙色是特级黄山毛峰与其他毛峰不同的两大明显特征。冲泡后的黄山毛峰清香四溢，汤色清澈微黄，滋味鲜浓甘甜，叶底嫩黄、均匀、肥壮成朵。黄山毛峰的冷香为人称道，茶凉后，"幽香冷处浓"，香醇依然，韵味独特。

黄山毛峰按质分特级、一级、二级、三级。其中特级又分特一级、特二级、特三级。

黄山毛峰

黄山毛峰茶汤

黄山毛峰叶底

（五）六安瓜片

六安瓜片

041 六安瓜片茶名的来历是怎样的

六安瓜片属片形烘青绿茶，是中国十大名茶中唯一不含茶芽和茶梗，以单片嫩叶炒制而成的茶品，主要产于安徽省西部大别山的六安市。因用单片茶鲜叶制成，外形呈瓜子形，产于六安，因而得名"六安瓜片"。

042 六安瓜片的来历有什么典故

相传1905年前后，六安茶行一位茶师从收购的绿大茶中拣取嫩叶，剔除梗朴，制成茶叶，作为新产品应市，颇受欢迎。这个消息不胫而走，金寨麻埠的茶行如法炮制，还给茶叶起名"峰翅"（意为蜂翅）。此举启发了当地一家茶行，该茶行把采回的鲜叶剔除梗芽，并将嫩叶、老叶分开炒制，结果成茶的色、香、味、形更佳。于是附近茶农争相仿制。这种片状茶叶形似葵花子，当时称"瓜子片"，以后被叫成了"瓜片"。

043 六安瓜片的原产地有什么特殊之处

六安瓜片主要产于安徽省六安市的六安、金寨和霍山三县城内。

六安瓜片最早出产于金寨县的齐云山，而且也以齐云山所产瓜片茶品质最佳，故又名"齐云瓜片"，因沏泡时热气蒸腾，清香四溢，所以也名"齐山云雾瓜片"。

齐云瓜片又以齐云山蝙蝠洞出产的茶叶品质最佳。在蝙蝠洞的周围，成千上万的蝙蝠云集在这里，蝙蝠排泄的粪便富含磷质，利于茶树生长，所以这里的瓜片最为清甜可口。但由于产量有限，很多茶客"只闻其名，未见其容"。

044 为什么说六安瓜片是"迟到的春天"

六安瓜片采摘时间晚于其他绿茶，故被称为"迟到的春天"。

一般来说，绿茶鲜叶以摘得早、采得嫩、拣得净为特征，用这样的鲜叶制作而成的绿茶品质特点是鲜爽、嫩绿、清香，使人早早就能尝到春天的鲜润。

而六安瓜片茶原料不是以嫩取胜，而是要等芽头展开，长成一片片翠绿肥实的叶子，待到谷雨前后，茶园方开园采摘。一片片长到"开面"的茶鲜叶被单独采下，制成绿茶中唯一的单片绿茶。

045 六安瓜片的采制有何特点

六安瓜片优良的品质，缘于得天独厚的自然条件，同时也离不开精细考究的采制加工过程。瓜片的采摘时间一般在谷雨至立夏之间，较其他早春茶迟半月左右。制作瓜片有道工艺叫"攀片"，即用手分离茶鲜叶的梗、叶、芽。攀片时将断梢上的第一叶到第三四叶和茶芽用手一一掰下，芽制成"银针"，第一叶制"提片"，二叶制"瓜片"，三叶或四叶制"梅片"。

046 六安瓜片的加工工艺有什么特点

六安瓜片是烘青绿茶，该茶特殊的色、香、味、形不仅源于优越的生长环境，也源于独特的加工工艺。瓜片从采摘到烘焙制成要经过十三道工序。

六安瓜片的色、香不同于其他绿茶，主要在于该茶独特的烘焙工艺。烘焙分为拉毛火、拉小火、拉老火三道工序，其中拉老火对六安瓜片的色、香、味、形影响最大。老火要求火势猛、温度高，一烘笼茶叶要烘翻几十次，直至叶片绿中带白霜，色泽油润均匀才算烘制完成。

047 六安瓜片加工中，拉老火为什么尤为重要

杀青过后的六安瓜片需要经过拉毛火、拉小火和最为重要的拉老火，经过这三重火的洗礼，六安瓜片茶才会具有鲜爽醇厚的韵味。

拉老火是制作六安瓜片的最后一道烘焙工序，"老火"指厉害、猛烈的大火。拉老火时讲究抬笼快、翻茶匀、脚步稳、放笼轻，每一笼都要抬上抬下一百五十多次。在高温烘烤的过程中，茶叶内质不断转化，内含物质得到升华，墨绿的叶片挂上一层白霜。"拉老火"是六安瓜片定型、显霜、发香的关键程序。

048 六安瓜片有何特点

六安瓜片干茶叶缘向背面翻卷，呈瓜子形状，自然平展，色泽宝绿，匀整。六安瓜片在制作过程中经过三重火焰的洗礼，茶性温和，茶汤偏黄，香气清高，口感醇厚，不苦不涩，喝下去绵醇柔软，具有兰花的香气和浓郁的熟板栗香，叶底嫩绿明亮。

六安瓜片成品茶分为特一、特二、一级、二级、三级共五个等级。

六安瓜片

六安瓜片茶汤

六安瓜片叶底

（六）太平猴魁

049 太平猴魁茶名的来历是什么

太平猴魁创制于1900年，产于安徽省黄山市黄山区新明乡猴坑、猴岗一带。当时，安徽太平县（今黄山市黄山区）猴坑茶农王魁成（王老二），在凤凰尖茶园选肥壮幼嫩的芽叶，精工细制成"王老二魁尖"。猴坑所产魁尖风格独特，质量超群，因此在猴坑地名和茶农名中各取一字，将茶命名为"猴魁"。

050 太平猴魁的来历有何典故

传说古时候，黄山上住着一对白毛猴，生下一只小毛猴。一天，小毛猴到太平县玩耍，由于迷路没有回来。老毛猴出去寻找，劳累过度，病死在山坑里。山坑里有一个以采野茶为生的老汉，善良的他将老毛猴安葬了，并移来几棵野茶栽在墓旁。第二年春天，老汉来到山冈采茶，发现山冈上长满了绿油油的茶棵。当他正在纳闷时，忽听有人说："这些茶树是我送给您的，您好好栽培，今后就不愁吃穿了。"这时老汉才醒悟过来，原来这些茶树是神猴所赐。为了纪念神猴，老汉就把这片山冈叫作猴冈，把从猴冈采制的茶叶叫作猴茶。猴茶就是最早的太平猴魁。

051 太平猴魁茶产地有什么特点

太平猴魁产于我国著名风景区黄山的北麓，这里低温多湿，土壤肥沃深厚。茶园依山傍水，生态环境得天独厚，面积仅30多公顷，产区内最高峰凤凰尖海拔750米，年平均温度14～15℃，年平均降水量1650～2000毫米。茶园分布在25°～40°的山坡上。这里的土壤多为千枝岩、花岗岩风化而成的乌沙土，土层深厚肥沃，通气透水性好，茶树生长良好，芽肥叶壮，持嫩性强。

052 太平猴魁有明前茶吗

太平猴魁茶青采摘标准为一芽三叶，因此在谷雨前后才开园开采，所以没有明前茶。

太平猴魁的采摘标准极为严格，杀青、整形的工艺要求也很高，所以上品猴魁的产量很少。谷雨前后，当20%的芽梢长到一芽三叶初展时，即可开园。其后三四天采一批，立夏便停采。

053 太平猴魁的制作工艺是怎样的

太平猴魁传统上为手工制茶，采摘的鲜叶经过拣尖、摊放、杀青（做形）、烘干，制成成品茶。

一芽二叶俗称"尖头"。拣尖，即将鲜叶按一芽二叶的标准一朵一朵地进行挑选。拣尖对鲜叶的大小、曲直、颜色等都有严格要求。之后将精选的鲜叶摊放在竹匾上，使鲜叶轻微萎凋。然后采用锅炒式杀青，炒制时使茶叶形成独特的扁、平、直的形状，最后分几次烘干茶叶。

054 太平猴魁有何特点

"猴魁两头尖，不散不翘不卷边"，太平猴魁干茶外形扁展挺直、壮实，两叶抱一芽，匀齐，毫多不显，颜色苍绿匀润，部分主脉中隐红，俗称"红丝线"。冲泡后，茶汤嫩绿，清澈明亮，芽叶成朵，不沉不浮，竖立在明澈嫩绿的茶汤之中；兰花香高爽、持久，幽香扑鼻，滋味鲜醇、回味甘甜，似幽兰的暗香留于唇齿间，有独特的"猴韵"；叶底嫩匀肥壮，成朵，嫩黄绿鲜亮。

太平猴魁

太平猴魁茶汤

太平猴魁叶底

055 太平猴魁如何分级

传统的分级方法，是将猴魁分为三个级别，分别为猴魁、魁尖、尖茶。现在将太平猴魁分为五个等级，即极品、特级、一级、二级、三级。

056 太平猴魁的冲泡有什么特别之处

太平猴魁干茶条索长大，冲泡过程跟其他绿茶大体相同，特别之处是置茶前多了一道"理茶"的程序。

由于猴魁生长环境的特殊性，使鲜叶具有很强的持嫩性，叶片长长后依然具有很高的鲜嫩度，故优质的太平猴魁有长长的条索，成品茶长5～7厘米甚至更长。泡茶前，需要把茶叶叶尖、叶柄理顺，叶柄向下放入茶杯，先观赏苍翠茶叶上如红丝线般暗红的主脉，再继续泡茶。

理顺茶条

（七）安溪铁观音

057 安溪铁观音名称的来历是什么

安溪铁观音

相传安溪县松林头有个茶农，勤于种茶，又信佛。他每天在观音像前敬奉一杯清茶，几十年如一日。有一天他上山砍柴，在岩石隙间发现一株茶树，枝壮叶茂，芳香诱人，跟自己所见过的茶树不同，就挖回来精心加以培育，并采摘鲜叶试制茶叶，结果做成的茶叶沉重如铁，香味极佳。这位茶农认为此茶是观音所赐，就给茶起名为铁观音。

058 安溪铁观音最著名的产区有哪几个

铁观音原产于福建安溪西坪乡，有200余年历史，是乌龙茶的名品。

茶叶是一种特殊农产品，讲究天、地、人、种四者和谐，同一产区的不同山头，甚至同一山头不同高度的茶园，所产茶叶都有所不同。

安溪最著名的三个茶产区为西坪、祥华、感德。三地所产铁观音各有特色：西坪是安溪铁观音的发源地，所制茶叶采用纯粹传统制法；祥华茶久负盛名，产区山高雾浓，茶叶制法传统，回甘强；感德茶又被称为"改革茶""市场路线茶"，近年来颇受欢迎。

059 当茶树生长的海拔逐渐升高，铁观音品质有何不同

不论茶树种植的海拔如何变化，铁观音都具有特有的兰花香气。铁观音适宜生长的海拔为600～900米，不同海拔生长制作的铁观音口感还是有差别的。海拔在600米左右的铁观音，圆结匀整，砂绿油润，汤色金黄，滋味醇厚回甘，叶底微带红边；800米以上的铁观音，干茶紧结圆实，沉重匀整，汤色清澈金黄，兰花香气浓郁，观音韵显现，绿叶红镶边；900米以上的铁观音，干茶色泽油绿砂润，沉重紧结，投入盖碗，有清脆的响声，冲泡后，汤色明亮金黄，透彻如油，滋味鲜爽醇厚，回甘久远，观音韵明显，叶底肥厚软嫩，红变加剧。

060 制作传统铁观音茶为何一定要用"红心歪尾"铁观音

制作正宗安溪铁观音一定要用"红心歪尾"铁观音的鲜叶。茶叶的品质主要取决于树种、栽培技术和制作技艺三大要素，其中茶树品种是影响

茶叶品质的先决条件。"红心歪尾"铁观音树种具有芽叶肥壮、心红、叶片厚实、腹部砂绿等特点，用此品种鲜叶制作的铁观音，香气高扬，滋味醇厚浓郁，齿颊留香，回甘热烈，观音韵明显。但是，"红心歪尾"铁观音茶树种植困难，成活率低，产量只有普通铁观音品种的一半，并且也不像普通铁观音分四季采制，而是只采春茶和秋茶，因此显得极其珍贵。用红心铁观音制作的乌龙茶，是典型的青蒂绿腹蜻蜓头，砂绿油润，叶带白霜，汤色金黄，具有悠长的观音韵和天然的兰花香。"绿叶红镶边，七泡有余香"指的就是红心铁观音，足见它丰富的内质。

061 安溪铁观音采摘有何特点

乌龙茶所需原料与绿茶不同，不采嫩芽嫩叶，而是采摘两三叶刚成熟的新梢，即开面采。安溪铁观音同样，鲜叶的采摘标准是新梢长到3～5叶快要成熟、顶叶六七成开面时采下2～4叶，一般选三叶一芽。优质安溪铁观音的鲜叶嫩度适中，叶芽壮、芽梢重、节间短、叶片厚、叶色浓绿光润，持嫩性强。

安溪铁观音分四季采制，每个季节采摘3～5次。正午前后采摘为好，阴雨天采摘影响茶叶品质。采下的鲜叶应及时运回晒青。

062 安溪铁观音制作工艺中的重要环节是什么

安溪铁观音要经晒青、晾青、做青（摇青摊置）、杀青（炒青）、包揉、揉捻、打散、焙火、烤焙、簸拣等工序才能制作完成。

同其他品种的乌龙茶一样，"做青"是形成安溪铁观音特色的重要工艺。做青，就是摇青、摊置交替进行的发酵过程，直至达到安溪铁观音品质要求。在做青中，茶叶颜色、香气、滋味产生变化。

做青时，茶叶之间相互摩擦，摩擦最严重的叶缘慢慢变红，乌龙茶的"绿叶红镶边"因此生成，叶片上也会局部变色。

香气的变化与颜色的转变是同时发生的。茶很轻微地发酵会有菜香，茶叶呈绿色；茶轻发酵转化成花香，茶叶呈金黄色；中度发酵转化成果香，茶叶呈橘黄色；重度发酵转化成糖香，茶叶呈朱红色。

茶发酵程度越轻越接近植物本身的味道，程度越重越失去茶鲜叶的本味，而因发酵自然产生的味道越重。

安溪铁观音发酵程度为40%左右，做青程度需按照铁观音"汤色深金黄，叶底青褐色，有少许红边"的品质要求把握。

063 安溪铁观音半球形的外形是如何形成的

安溪铁观音干茶为半球形颗粒状，这是因为加工工艺中有包揉的工序。把杀青后的茶叶包在特制的布里形成一个大茶包，利用速包机和揉捻机进行揉捻。在被包紧的状态下滚动，茶包里的茶叶受到挤压，会慢慢卷曲，形成颗粒状，之后把茶包打散，重复多次进行包揉和揉捻，最终使茶叶成为卷曲紧结的半球形。

064 安溪铁观音有何特点

安溪铁观音干茶条索卷曲、壮结，呈螺旋状、半球形，茶叶呈青蒂绿腹蜻蜓头状，身骨重实，色泽砂绿鲜润，叶表起白霜；冲泡后，汤色金黄，浓艳清澈似琥珀，香气馥郁，香高而持久，有天然的兰花香、甜香，"七泡留余香"，茶汤滋味醇厚甘鲜，回甘悠久，有蜜味，俗称有"观音韵"；叶底肥厚柔亮，有绸面光泽。

铁观音

铁观音茶汤

铁观音叶底

065 如何理解铁观音的"观音韵"

韵味是指入口及入喉的感觉、味道的甘甜度、入喉的润滑度、回味的香甜度等。优质铁观音有兰花香，回味香甜，入口细滑，品饮三四道茶之后，两腮会分泌大量唾液，闭上嘴后用鼻出气可以感觉到兰花香，这种特质被称为"观音韵"。

066 安溪铁观音根据香气可分为几种

安溪铁观音依香气可分为清香型、浓香型、韵香型等。

① 清香型铁观音为安溪铁观音的高档产品，原料均来自铁观音发源地安溪高海拔、岩石基质土壤种植的茶树，具有鲜、香、韵、锐的特色。冲泡后，香气高强，浓馥持久，花香鲜爽，醇正回甘，观音韵足，茶汤呈金黄色，清澈明亮。

② 浓香型铁观音是以传统工艺"茶为君，火为臣"制作的铁观音，有醇、厚、甘、润的特色，干茶肥壮紧结、色泽乌润，香气纯正，带甜花香或蜜香、粟香，汤色呈深金黄色或橙黄色，滋味醇厚甘滑，观音韵显现，叶底带有余香，可多次冲泡。

③ 韵香型铁观音制作方法是在传统正味做法的基础上再经过120℃高温烘焙10小时左右，以提高滋味醇度，扩展香气。原料均来自铁观音发源地安溪高海拔、岩石基质土壤种植的茶树。干茶有浓、韵、润、特的特色，香味高，回甘好，韵味足，长期以来备受广大消费者的青睐。

067 传统铁观音可以长时间存放吗

传统铁观音发酵度较高，达到50%左右，又经过炭焙，茶性温和不伤胃，并且经过文火烘焙，干燥度控制在4%以下，自然存放不会变质，适合长时间存放变成老茶。铁观音的老茶当地又称"老铁"，观音韵依旧浓郁，咖啡碱转化成糖类物质，口感更为醇香甘冽。当地老百姓若肠胃不舒服，泡一壶"老铁"来喝，几杯热茶下肚，肠胃顿觉舒爽、通畅。

068 安溪铁观音如何冲泡

冲泡安溪铁观音最常使用的是盖碗和紫砂壶。安溪茶区习惯用盖碗冲泡铁观音，因为盖碗泡茶出汤迅速，可使香气凝集，且用后好清理。使用盖碗时用大拇指和中指提盖碗的两侧，食指摁住盖纽。盖碗和盖身要留一点缝隙。

冲泡铁观音的要点是：

① 水要烧至沸腾，水温以100℃为宜；

② 茶叶用量，以盖碗容量的1/3为宜；

③ 出汤至公道杯中，以便分茶品饮；

④ 一杯茶分三口喝，细细体味茶的美。

069 铁观音是乌龙茶的代名词吗

铁观音是乌龙茶的代名词。安溪铁观音原产于福建安溪，当地茶树良种很多，其中以铁观音茶树制成的铁观音茶品质最优。安溪铁观音，以春茶品质最好，秋茶次之，秋茶的香气特高，俗称秋香，但汤味较薄。夏、暑茶品质较差。而在台湾，铁观音是一种特制的乌龙茶，并非一定得用铁观音茶树上采来的新梢制成，这与安溪铁观音的概念不同。自问世以来，铁观音一直受到闽、粤、台茶人及东南亚、日本人的喜爱。某种程度上，铁观音已成为乌龙茶的代名词。

070 如何存放安溪铁观音

安溪铁观音与其他乌龙茶因香气高锐，都需要密封存放，使用真空小袋包装、锡纸袋密封包装、密闭性好的锡罐盛放均可。

（八）大红袍

大红袍

071 大红袍名字的由来是什么

关于大红袍名字的由来，说法很多，其中有一个民间传说：清朝时一书生上京赶考，路过武夷山时，病倒在路上，幸被天心庙老方丈看见，泡了一碗茶给他喝，结果病就好了。后来秀才金榜题名，中了状元。状元回到武夷山，他在老方丈的陪同下，到了九龙窠，但见峭壁上长着三株高大的茶树，枝叶繁茂，吐着一簇簇嫩芽，在阳光下闪着紫红色的光泽，煞是可爱。老方丈说，去年你犯鼓胀病，就是用这种茶叶泡茶治好的。众人来到茶树下焚香礼拜，齐声高喊："茶发芽！"然后采下芽叶，精工细作，装入锡盒。状元带了茶进京后，正遇皇后肚疼鼓胀，卧床不起。状元立即献茶让皇后服下，果然茶到病除。皇上大喜，将一件红色状元袍交给状元，让他代表自己去武夷山封赏。来到武夷山后，状元脱下皇上御赐的大红袍披在神茶树上拜谢，说也奇怪，等掀开大红袍时，三株茶树的芽叶在阳光下闪出红光，众人都说这是大红袍染红的。后来，人们就把这三株茶树叫作"大红袍"了，还有人在石壁上刻了"大红袍"三个大字。从此"大红袍"就成了年年进贡的贡茶。"大红袍"一名也由此传开。

072 什么是大红袍母树

大红袍母树是指武夷山天心岩九龙窠石壁上现存的六棵茶树，树龄已有350多年。以往，每到春季采摘季节，武夷山都要组织科技人员采摘数量有限的大红袍母树茶青，再精心制作出珍贵的大红袍母树茶，年产量不足1千克。后来，为保护大红袍母树，武夷山有关部门决定对其实行特别管护：停止采摘大红袍母树茶叶，确保其良好生长；茶叶专业技术人员对大红袍母树实行科学管理，并建立详细的管护档案；严格保护大红袍母树周边的生态环境。2006年起，有关部门对6株大红袍母树实行停采留养，促其"延年益寿"。

073 什么是无性繁育大红袍

用大红袍母树的枝条扦插，繁育种植的大红袍为无性繁育大红袍，其鲜叶为制作大红袍的原料。"一代大红袍""二代大红袍"均为无性繁育。

074 大红袍是红茶吗

大红袍不是红茶。大红袍是福建出产的半发酵茶，是闽北乌龙茶的代表。闽北乌龙茶中最著名的是武夷岩茶，武夷岩茶中最著名的，就是大红袍。

075 何为武夷岩茶

武夷山坐落在福建省东北部，属典型的丹霞地貌。这里群峰相连，峡谷纵横，多悬崖绝壁，九曲溪萦回其间，气候温和，冬暖夏凉，雨量充沛。武夷山茶园非常奇特，茶树长在悬崖绝壁上。茶农利用岩洼、石隙、石缝，沿边砌筑石岸种茶，构筑"盆栽式"茶园。武夷山"岩岩有茶，非岩不茶"，岩茶因而得名。

大红袍母树

076 大红袍的采制是怎样的

大红袍一般于4月中旬至5月中旬采摘，采摘有严格要求，雨天不采、露水不干不采，不同品种、不同岩别、山阳山阴及干湿不同的茶青不得混放。

大红袍的手工做青一般要14~18小时，在摇青、晾青交替进行中逐渐形成大红袍的特殊岩韵。做青时，茶叶手感由硬变柔，含水量由多变少，叶面色泽由绿转为黄亮，叶缘由绿渐转红，茶叶味道由强烈的青臭气转为清香。

大红袍最后的烘焙工序，是大红袍的香气、滋味得以提升的重要工艺。在低温久焙的过程中，制茶人凭感官判断不停调整、控制焙茶的温度，以达到所需要的品质。

077 大红袍有何特点

大红袍干茶为条形，条索紧结、壮实、匀整，色泽绿褐鲜润，冲泡后汤色金黄明亮，香气馥郁，有兰花香、肉桂香等，香高而持久，滋味甘醇，岩韵明显；叶底呈"绿叶红镶边"，三分红、七分绿；叶面有蛙皮状突起，俗称"蛤蟆背"；大红袍很耐冲泡，冲泡七八次仍有香味。

大红袍

大红袍茶汤

大红袍叶底

078 大红袍的"岩韵"如何理解

大红袍是岩茶中的代表，具有明显的岩韵。岩茶首重岩韵。简单地说，岩韵就是武夷岩茶所具有的岩骨花香的韵味特征。"岩骨花香"中的"岩骨"可以理解为岩石味，是指茶特别的醇厚浓郁与长久不衰的回味，当地人认为，岩韵是茶汤留在咽喉的岩石味、青苔味；"花香"是指岩茶沉稳、浓郁的茶香。岩韵为岩茶所特有，是武夷山山区茶叶的特质。

079 大红袍为什么习惯存放一年后再喝

品质好、身骨结实的大红袍一般都经多次焙火，刚加工好的茶叶喝起来会感觉有一点刺激，俗称"有火气"。所以有一种说法，加工好的大红袍放一年，"退退火"再喝，茶汤会更加顺滑，而馥郁的香气、醇厚的滋味并不会因此而减退。存放后的大红袍岩韵依然鲜明，幽香浓郁。

080 "大红袍"作为商品茶名有几种含义

"大红袍"这三个字，至少有以下几重含义：

① 指名丛奇种大红袍，即九龙窠的大红袍母株的茶树品种；

② 指用大红袍母株以无性繁殖栽培的茶树鲜叶制作的茶叶的名称；

③ 指用多种岩茶原料拼配而成的，具有大红袍茶叶特征的茶叶。

（九）凤凰单丛

凤凰单丛

081 凤凰单丛的来历有什么典故

相传，凤凰山是畲族的发祥地。隋、唐、宋时期，凡有畲族居住的地方，就有茶树的种植，畲族与茶树可谓共同繁衍。

隋朝年间，一些茶树随着部分畲族人向东迁徙，被带到福建等地种植。到宋代，凤凰山民发现了叶尖似鹤嘴的红茵茶树，烹制后饮用，发现味道很好，便开始种植。

传说南宋末年，宋幼主赵昺南逃至潮州，路经凤凰山的乌崇山时，曾用红茵茶树叶止渴生津，效果甚佳，民间有"凤凰鸟闻知宋帝等人口渴，口衔茶枝赐茶"的传说。从此红茵茶广为栽种，后人称其为"宋茶"，又叫"鸟嘴茶"。鸟嘴茶就是凤凰单丛的前身，称为"宋种"。至今乌崇村还留有宋、元、明、清各代树龄达200～700年的茶树3700余棵。据说此为制造凤凰单丛的茶树原种。

082 凤凰单丛因何得名

凤凰单丛产自广东潮州凤凰镇乌崇山，茶园位于海拔400～2000米的山上。凤凰单丛因产地凤凰山而得名。

083 凤凰单丛的"单丛"为何意

单丛茶，是在凤凰水仙群体品种中选拔优良单株茶树，经培育、采摘、加工而成。

凤凰单丛属于乌龙茶，乌龙茶的制作技艺复杂，在此基础上，单丛茶的制作可谓独特，它要尊重每一棵茶树的个性。单丛狭义上是指单株采摘、单株制作，然后形成单株茶树独特的香型；广义上是指针对某种香型的茶单独制作，保持某种香型的纯粹性。

084 凤凰单丛最常见的香型是什么

凤凰单丛是香型丰富的乌龙茶，大概有一百多种香型，如黄枝香、蜜兰香、栀子香、兰花香、肉桂香、杏仁香、柚花香、茉莉香、夜来香、鸭屎香、桂花香、姜花香、山茄香等。

085 凤凰单丛的采摘标准是什么

单丛茶实行分株单采，新茶芽萌发至小开面（即出现驻芽）时，即按一芽二三叶标准采下，轻放于茶篓内。一般于午后开始采茶，当晚加工，制茶均在夜间进行。

制作凤凰单丛茶采摘鲜叶时要求做到"五不采"，即太阳升不采、天气热不采、芽不壮不采、阴天不采、雨天不采。凤凰单丛采摘标准较为严格，可以保证茶叶制作后口感醇甘，香气卓越。

086 凤凰单丛有何特点

凤凰单丛是条形乌龙茶，优质凤凰单丛条索挺直肥壮，稍弯曲，色泽黄褐，俗称"鳝鱼皮色"，油润有光泽；冲泡后，汤色橙黄清澈，有天然花香，香高持久，滋味醇爽回甘；叶底肥厚柔软，叶边朱红，叶腹色黄明亮，较耐冲泡。

凤凰单丛

凤凰单丛茶汤

凤凰单丛叶底

087 凤凰单丛中的"鸭屎香"有何来历

凤凰单丛中有一种香型被称为"鸭屎香"，但是这款茶不仅没有鸭屎的味道，且香气浓郁高扬，汤色橙黄清澈，滋味醇厚浓烈。那它为什么起了个这么不雅的名字呢？很多年前，这款茶从乌岽山引进过来，种在土壤发黄的茶园里，当地人称这种土为"鸭屎黄"。茶树生根发芽，长出来的叶子像鸭脚。用这种茶树鲜叶制作出来的茶条索粗壮、匀整挺直，泡出来的茶汤明亮，香气高扬。茶园的主人怕别人偷种，于是，谎称是"鸭屎香"。尽管名字不雅，但是人们却很喜欢这款茶，纷纷裁剪栽培。"鸭屎香"的名字也就流传下来了。

088 如何冲泡凤凰单丛

冲泡凤凰单丛，当地的潮州工夫泡法从茶具到冲泡都有很多讲究。

潮汕工夫茶茶具

① 茶具。"潮汕四宝"是冲泡凤凰单丛工夫茶的必备用具：孟臣罐，是小容积紫砂壶，最适合用来冲泡浓香的凤凰单丛；若琛瓯，即品茗杯，为白瓷翻口小杯，杯小而浅，容量约10～20毫升；玉书煨，是烧开水的扁形陶壶，容量并不大，材质为潮州红泥；潮汕炉，是红泥小火炉，有高有矮，炉心深而小，火热力足而均匀。

② 冲泡。工夫茶是广东潮汕地区和福建闽南地区传统的品茶方式，有独特的冲泡方式和斟茶方式，融精神、礼仪、技艺于一体，是现代茶艺的基础。泡茶时，通常以孟臣罐为中心，三四只若琛瓯放在一只椭圆形或圆形、能承接茶水的茶盘上。烧水时对用水、用炭都有一定要求，泡饮时的流程有温罐、烫杯、高冲、低斟，讲究淋壶和巡、点的分茶方式。品饮时讲究茶礼，使人有物质、精神双重收获。

（十）祁门红茶

089 祁门红茶因何得名

祁门红茶产于安徽省祁门、东至、贵池、石台、黟县，以及江西的浮梁一带。祁门红茶的品质以祁门的历口、闪里、平里一带为最优，故名祁门红茶。祁红是我国传统工夫红茶中的珍品，有100多年的生产历史，在国内外享有盛誉。

090 祁门红茶是什么时候创制的

祁门一带历史上盛产茶叶，唐咸通三年（862年），司马途《祁门县新修阊江溪记》称：祁门一带"千里之内，业于茶者七八矣。……祁之茗，色黄而香。"祁门在清代光绪以前并不出产红茶。据传，光绪元年（1875年），有个黟县人叫余干臣，从福建罢官回原籍安徽经商，因羡慕福建红茶（闽红）畅销利厚，想就地试制红茶，于是在至德县（今安徽省池州市东至县）尧渡街设立红茶庄，仿效闽红制法，用当地茶青制作红茶，获得成功。次年在祁门县的历口、闪里设立分茶庄，始制祁红成功。与此同时，祁门人胡元龙在祁门南乡贵溪进行"绿改红"，设立"日顺茶厂"，试生产红茶也获成功。从此祁红不断扩大生产，并逐步走向世界。

091 为什么祁门的茶树品种适合制作红茶

祁门茶的茶树品种为槠叶种，这种茶树生长在土质肥沃、酸度适中的红黄壤中，鲜叶富含较多的内含物质，酶的活性较高，再加上当地气候潮湿多云雾，利于茶多酚、氨基酸、苯乙醇等内含物质的合成。

鲜叶采摘后，若不及时杀青，叶子里酶的作用会使内含物质发生氧化反应，导致叶片泛红，即所谓的"红变"现象，以这种叶片制作绿茶会影响茶叶的品质。而利用这一点，将祁门茶做成红茶，却非常适合。

092 祁门红茶的采摘标准是什么

制作祁门红茶，以使用国家级良种"祁门种"（也称槠叶种）的茶树鲜叶为主，安徽1号、安徽3号、黄山早芽、黄荆茶等也适合制作祁门红茶。

祁红的采摘标准十分严格，高档祁门红茶以一芽一叶为主，大宗祁门红茶以一芽二叶为主，春茶采摘六七批，夏茶采摘六批，秋茶少采或不采。

093 祁门红茶的加工工艺是什么

祁门红茶的加工工艺为萎凋、揉捻、发酵、干燥和精制等工序。

在红茶制作工艺中的发酵环节，茶叶发生了以茶多酚酶促氧化为中心的化学反应，茶鲜叶中的叶绿素经发酵生成茶黄素、茶红素等新的成分，使茶鲜叶从绿叶变为红叶，形成祁门红茶红叶、红汤、红叶底的"三红"特征。

094 祁门红茶有何特点

优质的祁门红茶干茶条索紧秀而稍弯曲，有锋苗，色泽乌黑泛灰光，俗称"宝光"。冲泡后汤色红艳、明亮，滋味鲜醇浓厚，回味隽永，有蜜糖香，蕴含兰花香，香气浓郁，高长持久，被称为"祁门香"，叶底嫩软红亮。细嫩的祁红茶汤冷却后会出现特殊的"冷后浑"。

祁门红茶

祁门红茶茶汤

祁门红茶叶底

095 祁门红茶的"祁门香"是怎样的

祁门红茶经初制、揉捻、发酵等多道工序加工制作而成。茶叶中的酶活性较高，萎凋又进一步提高了酶的活性。揉捻时，茶汁溢出，各种生物酶开始发生作用，内含物质发生转化，多酚类物质减少，可溶性物质增多，茶黄素、茶红素产生，形成祁门红茶特有的"祁门香"。祁门香香气浓郁高长，似蜜糖香，又蕴藏有兰花香，茶香似花、似果、似蜜，清饮（单独泡饮）更能领略它的独特茶香。

096 如何冲泡祁门红茶

祁门红茶可以清饮，也可以调饮。清饮时，习惯上使用瓷壶，用下投法冲泡，即先放茶叶，后冲入沸水。冲泡细嫩的高档祁红时水温需稍低。调饮时，先冲泡好茶汤，之后与热牛奶、糖调饮，或放入柠檬、糖制成柠檬茶。

 ▶

泡好红茶　　　　　　　　　　　　加入牛奶

097 祁门红茶为什么被称为"祁门工夫"

被称为"工夫"的红茶，其一，说明红茶的制作过程需要一定的时间；其二，说明红茶的冲泡非常讲究，品饮时，要花时间细细品味。从制茶到品茶都有学问，如此，才能称为工夫红茶。工夫红茶中最著名的就是祁门红茶。

098 祁门红茶和哪两种茶被列为世界三大高香茶

国际上把祁红与印度大吉岭茶、斯里兰卡红茶，并列为世界公认的三大高香茶，称祁门红茶特有的地域性香气为"祁门香"。祁门红茶被誉为"王子茶""茶中英豪""群芳最"，赢得了国际市场的高度评价。

（十一）君山银针

君山银针

099 君山银针的茶名从何而来

君山银针产于湖南岳阳的洞庭山，洞庭山又称君山。当地所产的茶叶，形似银针，满披白毫，故称君山银针。

一般认为，君山银针茶始制于清代。君山银针品质优良，曾在1956年国际莱比锡博览会上获得金质奖章。

100 君山银针的采摘标准是什么

君山银针的原料是君山的银针1号、银针2号茶树鲜叶，一般于清明前4天左右开采，采摘肥壮重实的芽头，有开口芽、弯曲芽、空心芽、紫色芽、风伤芽、虫伤芽、病害芽、弱芽、雨水芽、露水芽不采的"十不采"标准。采下的芽头需放入有衬的茶篮，防止擦伤芽头和茸毛。

101 君山银针的加工特点是什么

君山银针属黄茶，为轻微发酵茶，发酵度为10%左右。制茶工艺类似绿茶，为杀青、揉捻、焖黄、干燥。焖黄是黄茶制作工艺中的重要环节，黄茶的黄叶、黄汤、黄叶底的特征就是在这个工艺环节中形成的。

102 君山银针有何特点

君山银针是黄茶中的黄芽茶，用单芽制成。干茶外形茁壮挺直，芽头肥壮，重实匀齐，紧实挺直，芽身金黄光亮，满披银毫，称为"金镶玉"。冲泡后，汤色杏黄明亮，香气清高，毫香鲜嫩，滋味醇厚、鲜爽，叶底嫩黄匀亮。

冲泡过程中的观赏性是君山银针的一大特性。

君山银针　　　　　　　　　君山银针茶汤　　　　　　　君山银针叶底

103 君山银针冲泡时如何"三起三落"

君山银针适合用玻璃杯冲泡。冲泡初始，可以看到芽尖朝上，蒂头下垂而悬浮于水面，清汤绿叶甚是优美。随后芽叶缓缓下落，竖立于杯底，忽升忽降，多者可"三起三落"，最后竖沉于杯底，芽光水色，浑然一体。"三起三落"是由茶芽吸水膨胀和重量增加不同步，芽头比重瞬间变化引起的。

104 君山银针的茶舞是怎样的

君山银针以冲泡后的优美茶舞著称，用玻璃杯冲泡时，需准备盖玻璃杯用的玻璃片。刚冲泡时的君山银针是横卧在水面上的。盖上玻璃片后，茶芽吸水下沉，芽尖产生气泡，犹如雀舌含珠，继而茶芽直立杯中，接着沉入杯底，少数在芽尖气泡的浮力作用下再次浮升。如此上下沉浮，使人不由得联想起人生的起落。此时端起茶杯，顿觉清香袭鼻，闻香之后品茶，君山银针的茶汤口感醇和、鲜爽、甘甜。

君山银针茶舞

105 君山银针应如何储存

君山银针中的茶多酚、维生素C和胡萝卜素含量高，极易氧化。因此环境温度、相对湿度、异味、光线、空气和微生物等都会影响茶叶的品质。为使茶不变质，存放时一定要注意"四避"：避高温、避高湿、避光线、避氧气。日常生活中用来储存君山银针茶叶的有铝铂复合袋、器具或两者结合。器具以锡罐为好，陶罐、金属盒等也可。用复合袋保存茶叶最好在包装袋中放入适量茶叶专用保鲜剂。

中国省级名茶

中国有四大茶产区，

二十个省（自治区、直辖市）

的一千多个县市产茶。

106 中国产茶区域如何划分

中国的产茶区域主要分布在北纬18°～38°、东经92°～122°之间的广阔土地上，生产出绿茶、黄茶、白茶、红茶、黑茶、花茶等多种名茶。

中国现代产茶区地域广阔，茶区有多种划分法。现在，我们最常用的是中国农业科学院茶叶研究所提出的四大茶区划分法，即江北茶区、江南茶区、西南茶区和华南茶区。

107 中国哪些省（自治区、直辖市）产茶

中国的四大茶产区地跨二十个省（自治区、直辖市），共计一千多个县市。二十个产茶省（自治区、直辖市）为：江苏省、浙江省、安徽省、福建省、江西省、山东省、河南省、湖北省、湖南省、广东省、广西壮族自治区、海南省、重庆市、四川省、贵州省、云南省、西藏自治区、陕西省、甘肃省、台湾省。

108 什么是地方名茶和省级名茶

很多名茶，开始只在一个地方或区域内出名，一般称为"地方名茶"。这些地方名茶一旦被省、自治区、直辖市一级组织评审认可，就成为"省级名茶"。

109 各产茶省（自治区、直辖市）有哪些名茶

中国省级名茶见下表。

中国省级名茶表

	省份	名茶
1	江苏省	洞庭碧螺春、雨花茶、花果山云雾茶、金山翠芽、阳羡雪芽、荆溪云片、二泉银毫、金坛雀舌
2	浙江省	绿茶类有西湖龙井、径山茶、安吉白茶、顾渚紫笋、开化龙顶、金奖惠明、越乡龙井、大佛龙井、松阳银猴、武阳春雨、绿剑茶、千岛玉叶、江山绿牡丹、临海蟠毫、鸠坑毛尖、东白春芽、磐安云峰、望海茶、普陀佛茶、雁荡毛峰、乌牛早茶、羊岩勾青茶等 黄茶类有温州黄汤、莫干黄芽 红茶类有越红工夫、九曲红梅

	省份	名茶
3	安徽省	黄山毛峰、六安瓜片、太平猴魁、祁门红茶、霍山黄芽、屯溪绿茶、敬亭绿雪、岳西翠兰、舒城兰花、黄花云尖、天柱剑毫、天华谷尖、金寨翠眉、松萝茶、涌溪火青、老竹大方
4	福建省	武夷岩茶、四大名丛（大红袍、铁罗汉、白鸡冠、水金龟）、安溪铁观音、武夷肉桂、白毫银针、天山绿茶、太姥翠芽茶、坦洋工夫、政和工夫、白琳工夫、正山小种、金骏眉、福州茉莉花茶、永春佛手茶、白芽奇兰、漳平水仙、黄金桂、安溪梅占、安溪本山、南靖丹桂茶、白牡丹、寿眉、桂花乌龙茶
5	江西省	庐山云雾、婺源茗眉、狗牯脑茶、井冈翠绿、上饶白眉、双井绿茶、宁红工夫
6	山东省	崂山绿茶、日照雪青、浮来青、沂蒙玉芽、海青峰茶
7	河南省	信阳毛尖、赛山玉莲、仰天雪绿、金刚碧绿、龙眼玉叶、水濂玉叶
8	湖北省	采花毛尖、武当有机茶、绿生牌松针茶、松峰茶、峡州碧峰、恩施富硒、邓村绿茶、英山云雾茶、水镜茗芽、归真茶、龙峰茶、鹤峰茶、金水翠峰、大悟寿眉、恩施玉露、仙人掌茶、宜红工夫、湖北老青茶
9	湖南省	高桥银峰、金井毛尖、古丈毛尖、兰岭毛尖、狗脑贡茶、安化松针、南岳云雾茶、沩山毛尖、东山秀峰茶、石门银峰茶、野针王、武陵山脉的茉莉花茶、武陵绿茶、湖红工夫、君山银针、茯砖茶
10	广东省	凤凰单丛、岭头单丛、石古坪乌龙、英德红茶、荔枝红茶、玫瑰红茶、古劳茶、合箩茶、乐昌白毛茶、清凉山茶、仁化银毫茶
11	广西壮族自治区	绿茶类有西山茶、凝香翠茗、伏侨绿雪、南山白毛茶、凌云白毫茶、桂林三青茶 花茶类有石乳牌茉莉花茶、桂林市的桂花茶 黑茶类有六堡茶等 红茶有广西红碎茶
12	海南省	金鼎翠毫、金眉红茶、南海红碎茶、雪茶、水满茶、鹧鸪茶、苦丁茶、香兰茶、槟榔果茶
13	重庆市	永川秀芽、龙珠翠玉、滴翠剑茗、太白银针、鸡鸣茶、金佛玉翠、渝州碧螺春、西农毛尖、香山贡茶、天岗玉叶茶、巴南银针、巴山银芽、南川红碎茶
14	四川省	蒙顶甘露、蒙顶黄芽、巴山雀舌、青城雪芽、竹叶青、仙芝竹尖、叙府龙芽、绿昌茗雀舌、花秋御竹、文君绿茶、峨眉毛峰、红岩迎春、龙都香茗、川红工夫、四川边茶
15	贵州省	都匀毛尖、贵定雪芽、遵义毛峰、湄江翠片、湄潭翠芽、羊艾毛峰、绿宝石、瀑布毛峰、梵净山翠峰茶、凤冈锌硒绿茶、贵隆银芽
16	云南省	宝洪茶、南糯白毫、云龙绿茶、墨江云针、景谷大白茶、佛香茶、版纳曲茗、白洋曲毫、徐剑毫峰、大理感通茶、滇红、沱茶、普洱茶
17	西藏自治区	西藏高原茶
18	陕西省	午子仙毫、汉水银梭、秦巴雾毫、紫阳毛尖、宁强雀舌、商南泉茗、定军茗眉、女娲银峰
19	甘肃省	碧峰雪芽、碧口龙井、碧口毛峰、阳坝毛尖、阳坝珍眉
20	台湾省	冻顶乌龙、文山包种茶、东方美人茶、松柏长青茶、木栅铁观音、三峡龙井茶、阿里山珠露茶、高山茶、龙泉茶、日月潭红茶、大禹岭茶、梨山茶、杉林溪茶、奶香金萱

（一）江苏省名茶

110 江苏省有哪些名茶

江苏自古以来就是产茶大省，主要名茶有苏州的洞庭碧螺春、南京的雨花茶、连云港的花果山云雾茶、镇江的金山翠芽、宜兴的阳羡雪芽、铜官山的荆溪云片、无锡的二泉银毫、常州的金坛雀舌等。

111 雨花茶是一种什么样的茶

雨花茶是江苏省在中华人民共和国成立后研制出的名茶，创制于1958年，为绿茶中别具一格的新创名茶。产茶区位于南京市中山陵雨花台风景名胜区。

雨花茶必须在谷雨前采摘，最初制茶由手工完成，特级茶叶鲜叶原料要求一芽一叶为主。1979年开始研制用机器炒制，1986年正式通过技术鉴定，是国内首个实现全程机械化炒制的名茶。目前机器炒制茶占雨花茶总产量的95%以上，只有部分顶级雨花茶仍完全用手工炒制。

雨花茶干茶条索紧细圆直，锋苗挺秀，犹如松针，色泽翠绿，白毫显露，汤色绿而清，香气浓郁，滋味鲜醇，叶底匀嫩明亮。雨花茶分为特级、一级、二级、三级共四个等级。

112 花果山云雾茶有何特点

花果山云雾茶产于连云港的花果山。花果山云雾茶历史悠久，始制于宋，盛于清，曾被列为贡茶。因长年生长在崇山峻岭之上，云雾缭绕之中，所以被称为"云雾茶"。由于日照不多，生长缓慢，因此花果山云雾茶产量不高。

花果山云雾茶内含物质丰富，氨基酸、茶多酚和咖啡碱含量均较高。干茶条索紧圆，外形似眉状，锋苗挺秀，润绿显毫，冲泡后汤色清明，香高持久，滋味鲜浓，叶底匀整。

113 二泉毫茶有何特点

到无锡访茶最要紧的三件事是竹炉煮茶、二泉水、品毫茶，"品毫茶"即品饮无锡二泉毫茶。

二泉毫茶为绿茶，产于无锡市郊，创制于1979年。二泉毫茶以本地无性系大毫、福鼎大白茶等品种的茶树新梢芽叶为原料，制成的成品茶因产地和满披白毫的特征而得名。

二泉毫茶外形肥壮卷曲，色泽翠绿，身披茸毫，香高持久，冲泡后汤色碧绿明亮，显毫，滋味鲜醇，叶底肥嫩匀整。

114 阳羡雪芽产自哪里

阳羡雪芽产自江苏省宜兴市南部的阳羡旅游景区。宜兴古称"阳羡"，阳羡是一个古老的茶区，产茶历史悠久，所产名茶在唐代统称为阳羡茶。"阳羡雪芽"茶名取苏轼"雪芽我为求阳羡"诗句中四字而成。

115 阳羡雪芽有何特点

阳羡雪芽采摘芽苞或一芽一叶初展，采取传统工艺精制而成。阳羡雪芽干茶外形纤细挺秀，条索紧直，有锋苗，色泽翠绿显毫，冲泡后香气清雅，汤色清澈明亮，滋味鲜醇，叶底嫩匀完整。

（二）浙江省名茶

116 浙江省有哪些名茶

浙江是中国最大的产茶省份之一，名茶历史源远流长。唐以前就是著名的茶产区，后经唐、宋、元、明、清的发展，涌现出以西湖龙井为代表的一批誉享天下的名品。

浙江名茶绿茶类有西湖龙井、径山茶、安吉白茶、顾渚紫笋、开化龙顶、金奖惠明茶、越乡龙井、大佛龙井、松阳银猴、武阳春雨、绿剑茶、千岛玉叶、江山绿牡丹、临海蟠毫、鸠坑毛尖、东白春芽、磐安云峰、望海茶、普陀佛茶、雁荡毛峰茶、乌牛早茶、羊岩勾青茶等；黄茶类有温州黄汤、莫干黄芽；红茶类有越红工夫、九曲红梅。

117 径山茶是恢复历史名茶吗

恢复历史名茶是指历史上曾经有过，后来未能继续生产或已失传，经过研究创新，恢复原有特点的名茶。

径山茶产于浙江省杭州市余杭区径山一带，唐代陆羽曾隐居径山东麓著《茶经》。宋时径山盛行"茶宴"，后传至日本，逐步发展成日本"茶道"，故径山又有"茶圣著经之地，日本茶道之源"的美誉。径山茶自唐宋以来以"崇尚自然，追求绿翠，讲究真色、真香、真味"著称。1978年开始恢复径山茶的生产。上述内容说明径山茶为恢复历史名茶。

径山茶外形紧细卷曲，色泽翠绿，冲泡后香气嫩香高爽，汤色嫩绿明亮，滋味醇而鲜爽，叶底细嫩匀整。

118 安吉白茶明明是绿茶，为什么叫白茶呢

安吉白茶，也称"玉蕊茶"，产于浙江省安吉县。虽名为白茶，但安吉白茶并不属于白茶类，因为它是按照绿茶的制作方法加工而成。安吉产茶历史悠久，这个地方的茶有个很特别的现象，芽头长出来的时候，会发生白化，鹅黄透明。炒过之后，成茶为黄白色，所以以外观色泽取名为安吉白茶。

119 安吉白茶一般在什么时候采摘

安吉白茶不同于其他绿茶的独特之处是，茶树的芽叶会随着时令发生

变化。春季，茶芽初发，呈玉白色，叶色以一芽二叶为最白。5月前后开始逐渐返绿，最后全绿。当地茶农非常珍视返绿前后的嫩芽，称之为"仙草茶"。安吉白茶的产茶期比较短，一般只有二十天左右，只能在谷雨前采制，产量也不多。采摘标准为一芽一叶初展至一芽二叶，要求芽叶完整、匀净。

120 安吉白茶有何特点

安吉白茶外形扁平挺直，芽头紧实匀齐，光亮油润，色泽呈黄绿色，冲泡后汤色嫩绿明亮，香气持久，不苦不涩，滋味鲜爽。叶白脉绿是安吉白茶的标志。

安吉白茶

安吉白茶叶底

121 顾渚紫笋是什么样的茶

顾渚紫笋也称"湖州紫笋""长兴紫笋"，产于浙江省湖州市长兴县的顾渚山，属条形半炒烘型绿茶，曾是著名的贡茶，为历史名茶。顾渚山是著名的产茶区，茶文化的发源地，陆羽的《茶经》就是在这里修著的。因茶树的芽叶呈紫红色，相互包裹，形状如笋，所以得名紫笋。明末清初，紫笋茶几近绝迹，1979年在当地专家和茶农的努力下逐渐试制出现在的顾渚紫笋。

顾渚紫笋制作过程包括杀青、炒干整形、烘焙三道工序。因顾渚紫笋属半炒烘类型，既用锅炒，又用烘焙，因而外形紧实完整，白毫显露，色泽翠绿，香气馥郁。

顾渚紫笋分为特级、一级、二级、三级共四个等级。

122 "春色漫怀金谷酒，清风雨液玉川茶"的妙句描绘的是哪种茶

明代占雨曾以"春色漫怀金谷酒，清风雨液玉川茶"的妙句描绘当时松阳茶的品质。松阳茶产区为松阳县，属亚热带季风气候，具有四季分明、雨量充沛、冬暖春早、土壤肥沃、土层深厚的特点，有着得天独厚的生态环境。

松阳产茶历史悠久，早在三国时就已盛产茶叶。唐代著名道教法师叶法善，在松阳卯山永宁观修炼期间，利用卯山优质水土，培植出十多株茶树，制出的茶叶取名为"仙茶"。之后，卯山仙茶进入皇宫，成为贡茶，从此松阳茶声名远播。

松阳茶成品茶条索肥壮，白毫显露，冲泡后汤色明绿，栗香持久，滋味浓鲜，叶底嫩绿成朵，匀齐明亮。

123 开化龙顶的产区有何特色

开化龙顶产于钱塘江源头开化县，位于浙、皖、赣三省交界处。全县山脉呈西北-东南走向，属温暖湿润的亚热带季风气候，四季分明，雨量充沛，无霜期达250天。土壤有机质含量高，土层厚实、肥沃。该县终年云雾缭绕，是浙江省云雾最多的山区，俗话说"高山云雾出好茶"，开化县确实是绿茶生长的好地方。

124 开化龙顶有何特点

开化龙顶外形紧直挺秀，银绿披毫，芽叶匀齐成朵，内质香高持久，鲜嫩清幽，滋味甘爽，汤色杏绿清澈，具有干茶色绿、汤水清绿、叶底鲜绿的"三绿"特征。

125 金奖惠明有何特点

金奖惠明产于景宁畲族自治县惠明山脉，产地雨量充沛，林木葱茏，云雾弥漫。惠明茶自唐代开始种植，已有1200余年历史。南宋时期，惠明茶已成为贡品。

金奖惠明茶条索紧秀似鱼钩，银毫显露，味浓耐泡，香似兰花，叶底黄绿明亮。南泉水所泡的惠明茶，一杯淡，二杯鲜，三杯甘醇，四杯韵犹存，味浓持久，回味鲜醇香甜。

126 大佛龙井有何特点

大佛龙井产于中国名茶之乡——浙江省绍兴市新昌县。产品曾多次被评为全国、省农业名牌产品，荣获全国农业博览会、茶叶博览会金奖。大佛龙井高香甘醇，经久耐泡，具典型高山茶风味。

127 具有浓郁嫩栗香的望海茶产区是如何分布的

望海茶产区包括浙江的绍兴、嵊州、新昌、萧山、余姚、天台、鄞县、东阳等地。整个产区为会稽山、四明山、天台山等名山所环抱，产区内山岭盘结、峰峦起伏，溪流纵横，气候温和，是浙江省茶叶的主产区。

128 望海茶有何特点

望海茶一般在清明后一星期左右开采。望海茶外形浑圆，紧结挺直，身骨重实，色泽绿翠显毫，像一粒粒墨绿色的珍珠。用沸水冲泡时，粒粒珠茶释放展开，别有趣味。冲泡后的茶汤香高持久浓郁，具有嫩栗香，滋味鲜醇爽口，汤色嫩绿清澈明亮，叶底嫩而匀整。

129 江山绿牡丹有怎样独特的加工方法

相传明代正德皇帝巡视江南时，途经仙霞关，品饮仙霞山茶后赞不绝口，当即赐名为"绿茗"。沧桑变迁，昔日的绿茗失传。1980年，茶叶科技人员开始创制江山绿牡丹，历时三年，获得成功。

江山绿牡丹加工工艺主要是鲜叶摊放、杀青、轻揉、理条、轻复揉、初烘和复烘等几道工序。一人炒制、一人在旁摇扇是炒制牡丹茶的特点，尤其是通过扇风，迅速降低杀青叶、初烘叶、复烘叶的叶温，加速水分的蒸发，避免茶多酚等内含成分在湿热条件下继续氧化，是保证牡丹茶色泽格外翠绿、香气清鲜的关键技术。

130 江山绿牡丹有何采摘要求

要求早采嫩摘，坚持雨露叶不采、瘦小叶不采、病虫叶不采、紫色叶不采，于清明前开始采摘，谷雨后结束。采摘标准为一芽一叶到一芽二叶初展，芽长于叶。

131 江山绿牡丹有何特点

江山绿牡丹成品外形条直似花瓣，白毫显露，色泽翠绿诱人，冲泡后香气清高，汤色碧绿清澈，滋味鲜醇爽口，芽叶朵朵分明，叶底嫩绿明亮。江山绿牡丹分特级、一级、二级和三级共四个等级。

132 武阳春雨有何特点

武阳春雨茶产于浙江省"中国有机茶之乡"——武义县九龙山一带。茶园位于丘陵蜿蜒起伏地带，雨量充沛，土质疏松，土层深厚肥沃，茶区内终年云雾缭绕，气候湿润，是茶树生长的天然佳境。

武阳春雨茶外形紧细，形似松针，色泽嫩绿稍黄，冲泡后香气清高幽远，具有独特的兰花清香，汤色浅绿明亮，滋味甘醇鲜爽，耐冲泡。

133 千岛玉叶茶有何特点

千岛玉叶茶产于浙江省淳安县青溪一带，原称"千岛湖龙井"，1983年创制。成茶外形扁平光润，紧实肥壮，色泽青绿显毫，冲泡后香气清新高爽，汤色嫩绿显黄、清澈明亮，滋味鲜醇甜爽，叶底嫩黄绿润。

134 千岛玉叶茶有哪些功效

千岛玉叶茶具有活血化瘀、预防动脉硬化、消炎杀菌、利尿的作用，能调节脂肪代谢，降低胆固醇和血脂，有强心、缓解痉挛、促进血液循环的功效。

135 绿茶中最有禅意的茶是哪种

普陀佛茶，产于浙江省舟山群岛的普陀山及周围诸海岛，是绿茶中最有禅意的名品。因普陀佛茶生长于佛教名山，长期以来为寺院僧人所采制，并以茶敬佛待客，无论生长环境，还是制茶用茶，均与佛相关，因此被称为最具有禅意的绿茶，也是名副其实的"佛茶"。

136 普陀佛茶有何特点

普陀山气候宜人，雨水充足，土壤肥沃，利于茶树的生长。早在五代时，就有种植茶树的记载。普陀佛茶以产自佛顶山的茶品质最佳，佛顶山是普陀山的主峰，终年云雾缭绕，因此佛茶也称"佛顶云雾茶"。

普陀佛茶色泽翠绿显毫，外形"似螺非螺，似眉非眉"，形似小蝌蚪，有"凤尾茶"之称。冲泡后香气馥郁，汤色绿中显黄、清澈明亮，滋味甘醇爽口。

137 雁荡毛峰是温州最早的历史名茶吗

雁荡毛峰是温州最早的历史名茶。产于浙江省乐清市，为恢复性历史名茶，首创于明清，1963年恢复。雁荡毛峰历史悠久，据《永嘉图经》等资料记载，乐清产茶始于晋代永和年间，距今已有1660多年。北宋大中祥符以后，名传四方。明代永乐二年（1404年）乐清茶被列为朝廷贡茶，清代亦列为贡品。据明代隆庆年间《乐清县志》记载：近山多有茶，唯雁山龙湫背清明采者极佳。多部著作均把雁荡毛峰列为"雁荡五珍"之首。

138 雁荡毛峰有何特点

雁荡毛峰，又名"雁荡云雾茶"，早些时候也称"猴茶""白云茶"，雅称"露芽"，俗称"雁山茶"。雁荡毛峰属半烘青绿茶，外形紧结细嫩，芽毫隐藏，锋苗显露，色泽翠绿，冲泡后汤色浅绿明净，清香高雅，滋味浓郁，鲜醇回甘，叶底嫩绿明亮，芽叶成朵。

139 乌牛早茶因何而得名

乌牛早是我国古代的名茶，曾经失传，1985年重新恢复。因该茶产于浙江省温州市永嘉县乌牛镇，而且采摘期早于其他绿茶15天左右，2月中下旬即可开采，至4月初，为明前茶，故取名"乌牛早"。

140 羊岩勾青茶产地在哪

羊岩勾青茶产于浙江省临海市河头镇的羊岩山茶场。据县志记载，临海产茶有1700年之久。相传汉代时葛玄植茗于临海城南盖竹山，开始在临海人工种植茶树。从1975年开始，临海人采用中华古老绿茶制法，并结合当代新工艺，创制成功外形勾曲、耐冲泡、耐储藏的能证明《临海县志稿》中"此茶经五开水，汁味尚存"特性的产品。因此茶产于羊岩山，遂命名为"羊岩勾青茶"。

141 温州黄汤有何特点

温州黄汤产于浙江泰顺、平阳、瑞安、永嘉等地，始创于清代，至今已有200余年历史。温州黄汤条索细紧纤秀，色泽黄绿多毫。冲泡后，香气清新高锐，汤色橙黄明亮，滋味鲜醇爽口，叶底成朵匀齐。

142 越红工夫有何特点

越红工夫产于浙江绍兴的诸暨、嵊州等地，于20世纪50年代由绿茶改制而成。越红工夫条索紧细挺直，色泽乌润，重实匀齐，有锋苗，净度高。冲泡后，香气纯正，汤色红亮，滋味浓醇，叶底稍暗。

（三）安徽省名茶

143 安徽省有哪些名茶

安徽是中国最大的产茶省份之一，除了特别著名的黄山毛峰、六安瓜片、太平猴魁、祁门红茶被列入中国十大名茶外，全省传统名茶和新创名优绿茶、红茶、黄茶有百余种。

安徽省主要的名茶有霍山黄芽、屯溪绿茶、敬亭绿雪、岳西翠兰、舒城兰花、黄花云尖、天柱剑毫、天华谷尖、金寨翠眉、松萝茶、涌溪火青、老竹大方等。

144 霍山黄芽有何特点

霍山黄芽属于黄茶中的黄芽茶，产于安徽省霍山县。霍山黄芽的历史悠久，唐代即有"寿州霍山之黄芽"的记载，为唐代二十种名茶之一，清代为贡茶，后失传，现在的霍山黄芽是20世纪70年代初恢复生产的。主产区为佛子岭水库上游

霍山黄芽

的大化坪、姚家畈、太阳河一带，以大化坪的"三金一乌"（金鸡山、金家湾、金竹坪和乌米尖）所产的黄芽品质最佳。

霍山黄芽干茶外形条直微展，形似雀舌，芽叶细嫩，多毫，色泽黄绿，冲泡后汤色黄绿、清澈明亮，香气鲜爽持久，有熟板栗香，滋味鲜醇浓厚，有回甘，叶底嫩黄明亮嫩匀。

145 屯溪绿茶有何特点

屯溪绿茶，为我国极品名茶之一，主要产地有休宁、歙县、施德、绩溪、宁国等地。因此茶在屯溪加工制作，故名屯溪绿茶（简称屯绿）。该茶条索紧结，匀正壮实，色泽绿润，冲泡后汤色绿明，香气清高，滋味浓厚醇和，是我国绿茶中的名品。

屯绿属炒青绿茶，屯绿毛茶又称"长炒青"。制作方法借鉴了松萝茶的制法。品种有珍眉、贡熙、特针、雨茶、秀眉、绿片六个品种十八个级别。此外，屯绿还可窨制茉莉、珠兰、玉兰、玳玳、桂花、玫瑰等花茶。

146 敬亭绿雪名字的由来是什么

传说敬亭山麓，有一个心地善良的姑娘，名字叫"绿雪"。为了给妈妈治病，她年年都要爬到山顶绝壁采摘敬亭山茶。有一次，当她历尽千辛万苦爬到悬崖绝壁上采到茶叶时，不料脚下一滑跌落悬崖。她背篓中的茶叶像漫天雪花一样扬扬洒洒，在敬亭山的沟沟洼洼中落地生根，瞬间长成一棵棵茶树，从此后人不再受采茶艰难之苦。人们为了纪念这位勤劳可敬的姑娘，将此处所产山茶命名为"敬亭绿雪"。

147 敬亭绿雪有何特点

敬亭绿雪产于安徽省宣城市敬亭山，属扁条形烘青绿茶，为恢复历史名茶，创制于明代，明清时期被列为贡茶，约于清末失传。1972年开始研制，1978年研制成功。

敬亭绿雪采制期为清明至谷雨，只采细嫩一芽一叶，或一芽二叶初展。成品干茶形似雀舌，挺直饱满，香气清鲜高爽而持久，色泽翠绿显毫，滋味鲜爽甘醇，叶底嫩黄带绿。敬亭绿雪有兰花香、板栗香、野花椒香三种香型。按质分为特级、一级、二级、三级共四个等级。

冲泡敬亭绿雪，水温在80℃左右最为适宜。

148 岳西翠兰有何特点

岳西翠兰是新创名茶，产于皖西大别山腹地岳西县的主薄、头陀、来榜区。该地原属陆羽《茶经》所载盛产茶叶的寿州和舒州，茶园大多分布在海拔600～800米的深山峡谷之中，自然环境和温度、湿度有利于茶树生长。

岳西翠兰是在地方名茶小兰花的传统制作工艺基础上改造创制的，谷雨前后选采一芽二叶，用竹帚翻炒杀青，继而手工造形，后经炭火烘焙而成。

岳西翠兰干茶翠绿，外形优美，芽叶相连，自然舒展，酷似小兰花，冲泡后茶汤浅绿明亮，花香高爽、嫩香持久，滋味醇浓鲜爽，回甘，叶底绿鲜润亮。

岳西翠兰宜用75℃热水冲泡。

149 舒城兰花有何特点

安徽舒城、桐城、庐江、岳西一带早在清代以前就生产兰花茶，其中以舒城产量最多，品质最好。舒城县的白桑园、磨子园所产兰花茶最为著名，小麦岭、古吉寨、天子寨、滴水岩的兰花茶也很有名气。

舒城兰花创制于明末清初，20世纪80年代舒城县在小兰花的传统工艺基础上，开发了白霜（桑）雾毫、皖西早花，1987年双双被评为安徽名茶。从此，形成了舒城（小）兰花茶产品系列。

舒城兰花干茶外形条索细卷呈弯钩状，芽叶成朵，色泽翠绿匀润，毫锋显露。冲泡后如兰花开放，汤色嫩绿明净，兰花香鲜爽持久，滋味甘醇，叶底匀整，呈黄绿色。

150 舒城兰花因何得名

舒城兰花得名源于一些有趣的传说:一说清朝年间,舒城白桑园有一名叫兰花的姑娘,心灵手巧,炒出的茶叶香味突出,形似兰花,山东茶商十分喜爱,遂出高价包收,于是兰花姑娘拼命地日夜兼制,不幸劳累过度而亡,乡亲们为纪念她即将此茶取名兰花茶。一说清朝末年,舒城磨子园黄家湾茶农沈兴余,制茶技术精湛考究,所制茶叶具有浓郁的兰花香,深得桐城茶行老板郑国英赞赏,称他的茶形若大麦苞,香如兰花,兰花茶之名因此而传开。一说茶叶采制时正值山中兰花盛开,茶叶吸附花香故而得名。由此看来,兰花茶的得名主要是由于此茶外形芽叶相连似整朵兰花,内质具有幽雅的兰花香。

151 黄花云尖有何特点

黄花云尖产于皖南山区的宁国市,始创于1983年。茶叶产地天目山蜿蜒屹立在东南,黄山山脉由西南部延伸而入,茶区生态环境良好。

黄花云尖于4月上旬开采至立夏结束。茶叶外形挺直,呈梭形,壮实匀齐,翠绿显毫,冲泡后茶汤淡绿、清澈明亮,香气高爽持久,有浓郁花香,滋味醇爽回甘,叶底嫩绿匀整。当地人管这样的黄花云尖叫雀儿嘴。

152 天柱剑毫有明前茶吗

天柱剑毫没有明前茶。

天柱剑毫产于安徽省潜山县,属于恢复历史名茶。此茶创制于唐代,后工艺失传,1980年恢复生产。潜山县种植的茶树品种主要是天柱山群体种,天柱山中叶种是天柱山地方群体品种的主体类型。

天柱剑毫于清明后4月5日至4月25日开园,选择阴天或晴天上午11时前、下午3时后采叶,采摘标准为一芽一叶初展,要求芽头肥壮、匀齐、多毫、节间短,色泽黄绿,所以该茶属于明后绿茶。

天柱剑毫外形扁平挺直似剑，色泽翠绿显毫，冲泡后汤色碧绿明亮，花香清雅持久，滋味鲜醇回甘，叶底匀整嫩鲜。

153 天华谷尖有何特点

天华谷尖产于安徽省太湖县，为恢复历史名茶，1986年恢复生产。太湖县位于皖西南边陲，生态环境十分优越，茶叶品质优异，是安徽省著名的优质茶产区。茶名中蕴含着美好的寓意："天"寓为山之高，"华"意为物之精，"谷尖"喻茶形。

天华谷尖形似稻谷，色泽翠绿，冲泡后香气高长，汤色碧绿，滋味鲜爽，味道浓厚，叶底匀整嫩绿明亮，持久耐泡。

154 金寨翠眉产区有何特色

金寨翠眉产于安徽省国家级生态示范区——金寨山区金寨县，始创于1986年。金寨县产茶历史悠久，据《文献通考》记载，宋朝在金寨地区的麻埠、开尖设有官办茶站，说明当时金寨已经是茶叶的重要产地。明朝末年，金寨县齐山村出产的齐山云雾被列为贡茶，直至清朝末年。

金寨县茶区山高林密，云雾弥漫，空气湿度大，年降雨量充足，更为奇特的是，蝙蝠洞周围整年有成千上万的蝙蝠云集于此，蝙蝠排泄的粪便富含磷质，利于茶树生长，加上茶区果竹花木相间，多种植物共生，漫射光充足，形成了茶叶的独特品质。

155 金寨翠眉有何特点

金寨翠眉因形似画眉，色泽翠绿，被茶叶专家陈橼教授命名为金寨翠眉。

金寨翠眉由单芽制成，不含叶梗，干茶外形纤秀如眉状，白毫满披，色绿油润，泡入杯中，芽头直立如笋，嫩芽三浮三沉，汤色明亮，嫩香高长，滋味鲜爽，回味香甜爽口，叶底黄绿明亮。

156 松萝茶有何特点

松萝茶属绿茶类，产于黄山市休宁县、歙县边界黄山余脉的松萝山，为历史名茶，创于明初。松萝茶的采制技术，早在四五百年前已达到精湛娴熟的程度。

松萝茶

松萝茶于谷雨前后开园采摘，要求采一芽二三叶，鲜叶采回后要经过验收，不能夹带鱼叶、老片、梗等，并做到现采现制。

松萝茶干茶条索紧卷匀壮，色泽绿润，冲泡后汤色绿明，香气高爽，带有橄榄香味，滋味浓醇，叶底绿嫩。

松萝茶汤

157 涌溪火青有何特点

涌溪火青又叫"鹰窝岩茶"，是我国绿茶中独特的珍品茶之一，产于安徽省泾县涌溪一带，以外形腰圆、落杯有声、颗粒紧结重实、色泽墨绿油润、有独特花香的品质特点而著称。

冲泡后火青在杯中如朵朵花蕾待放，渐渐舒展如兰，整个过程非常有观赏性，茶香浓郁，汤色嫩绿偏黄、清澈明亮，醇厚甘爽，叶底肥嫩成朵。

158 老竹大方茶名是怎么来的

老竹大方产于安徽省歙县东北部的昱岭关一带，创制于明隆庆年间，由僧人比丘大方在歙县老竹铺乡的老竹岭创制，所以叫老竹大方，这种以人名和地名结合为茶叶命名的方式，在绿茶中是很少见的。清代时老竹大方被列为贡品。

159 老竹大方有哪几种

老竹大方属扁条形炒青绿茶，分为顶谷大方和清音大方。老竹铺的老竹岭和金川乡的福泉山所产的顶谷大方品质最好，形似龙井，较龙井肥壮，外形扁平挺直，匀整光滑，金毫隐伏，色泽青绿油润，冲泡后汤色清澈、淡绿微黄，香气高长，有板栗香，滋味醇厚爽口。清音大方形似竹叶，色泽墨绿油润如铸铁，也叫铁色大方或竹叶大方。由于老竹大方茶品质好，吸附花香能力强，通过加工窨制成的花茶，如珠兰大方、茉莉大方，花香鲜浓，茶味醇厚。

（四）福建省名茶

160 福建省有哪些名茶

福建自古出名茶，福建人爱茶如命。福建省有一千多年的产茶历史，是乌龙茶、红茶、白茶的发源地，被称为"乌龙茶之乡""白茶之乡"。出产的茶叶种类繁多，武夷岩茶、四大名丛（大红袍、铁罗汉、白鸡冠、水金龟）、安溪铁观音、武夷肉桂、白毫银针、工夫红茶等名扬中外，福建茶叶在世界茶叶市场占有极为重要的地位。除此以外，福建省主要名茶还有天山绿茶、太姥翠芽茶、坦洋工夫、政和工夫、白琳工夫、正山小种、金骏眉、福州茉莉花茶、永春佛手茶、白芽奇兰、漳平水仙、黄金桂、安溪梅占、安溪本山、南靖丹桂茶、白牡丹、寿眉、桂花乌龙茶等。

161 小种红茶是一种什么样的茶

小种红茶是福建省特有的一种红茶，起源于16世纪，最早由武夷山一带创制。1610年荷兰商人第一次运销欧洲的红茶就是福建省崇安的小种红茶（今称"正山小种"），小种红茶是我国最早的外销红茶。根据产地和品质的不同，小种红茶分为正山小种和外山小种，品质以正山小种为上。

162 正山小种有何特点

正山小种产自福建省武夷山星村镇桐木关一带，所以正山小种又称"桐木小种"或"星村小种"。正山小种外形条索肥壮，紧结重实，色泽乌润有光。冲泡后，香气高长带松烟香，汤色红浓，滋味醇厚带桂圆味，叶底厚实，呈古铜色。香味以第二泡为最香浓，加入牛奶调制成奶茶，汤色迷人，茶香味不减。

正山小种

正山小种茶汤

正山小种叶底

163 正山小种的制作工艺有什么独特之处

正山小种属高山茶，其品质不仅源于良好的生长环境，还源于特别的制作工艺。正山小种的制作工艺分为萎凋、揉捻、发酵、过红锅、复揉、熏焙、筛拣、复烘等工序。整个工序中最特别的是，在萎凋和熏焙过程中用松木熏制，因此制成的茶叶具有浓烈的松烟香。

164 正山小种有哪些功效

正山小种有以下功效：① 利尿；② 消炎杀菌；③ 提神消疲；④ 解毒；⑤ 生津清热；⑥ 抗氧化、延缓衰老；⑦ 养胃护胃；⑧ 抗癌。

165 为什么金骏眉如此名贵

金骏眉是于清明前采摘于武夷山国家级自然保护区内海拔1500～1800米高山的原生态小种野茶的茶芽，由熟练的采茶女工手工采摘芽尖部分，一个女工一天只能采约2000颗芽尖。采摘后，结合正山小种传统制作工艺，由师傅全程手工制作，每500克金骏眉需数万颗芽尖。因此，金骏眉十分名贵。

166 金骏眉有何特点

金骏眉外形细小而紧秀，颜色为金、黄、黑相间，金黄色的为茶的茸毛、嫩芽。开汤汤色为金黄色，啜一口入喉，甘甜感顿生。茶汤香味似果、蜜、花、薯等综合香型，滋味鲜活甘爽，喉韵悠长，沁人心脾，使人仿佛置身于原始森林之中。连泡12次，口感仍然饱满甘甜，叶底舒展后，芽尖鲜活，秀挺亮丽。

金骏眉

167 福建省所产的红茶是哪种红茶

福建是中国红茶创制最早的地区，闽红工夫是对福建省所出产的工夫红茶的统称。由于茶叶产地、茶树品种、茶叶品质风格不同，闽红工夫又分白琳工夫、坦洋工夫和政和工夫。

168 闽红工夫中最具高山茶特征的是哪种茶

政和工夫是闽红三大工夫茶的上品，在闽红工夫中最具高山茶特征，产于政和县，距今有150多年的历史。

169 政和工夫有何特点

政和工夫所用的茶种为大白茶和小叶种。采用大白茶制成的政和茶外形条索紧结，肥壮多毫，色泽乌润，冲泡后汤色红浓，香高鲜甜，滋味浓厚，叶底肥壮。采用小叶种制成的政和茶外形条索细紧，香高似祁红，但不如祁红持久，汤色较祁红略浅，滋味醇和，叶底红匀。

170 坦洋工夫有何特点

坦洋工夫产于福安市的坦洋村，曾以产地分布广，产量、出口量大列闽红之首。品质特征是外形细长匀整带白毫，色泽乌黑有光，冲泡后味清鲜甜，汤色鲜艳呈金黄色，叶底红匀光滑。

171 白琳工夫以什么而闻名

白琳工夫主产于福鼎市太姥山的白琳镇一带。以形秀有锋、金黄毫显而闻名。白琳工夫茶外形条索细长弯曲，茸毫多，色泽黄黑，冲泡后汤色浅亮，香气鲜醇有毫香，味清鲜甜，叶底鲜红带黄。

172 武夷岩茶有何特点

武夷岩茶产于福建崇安武夷山。武夷山中心地带所产的茶叶，称"正岩茶"，香高味醇厚，岩韵特显；武夷山边缘地带所产的茶叶，称"半岩茶"，岩韵略逊于正岩茶；崇溪、九曲溪、黄柏溪溪边靠近武夷山两岸所产的茶叶，称"洲茶"，品质又略逊一筹。

武夷岩茶条索壮结匀整，色泽青褐油润呈"宝光"，叶面呈青蛙皮状少粒白点，人称"蛤蟆背"。冲泡后，香气馥郁隽永，具有特殊的"岩韵"，俗称"豆浆韵"；汤色橙黄，清澈艳丽；滋味浓醇回甘，清新爽口；叶底"绿叶红镶边"，呈三分红、七分绿，且柔软红亮。

173 我们常说的"四大名丛"是什么

在武夷名丛中，以大红袍、铁罗汉、白鸡冠、水金龟"四大名丛"最为珍贵。

| 大红袍 | 白鸡冠 | 水金龟 | 铁罗汉 |

四大名丛

174 武夷名丛中哪种茶享有最高声誉

大红袍在武夷名丛中享有最高的声誉，它既是树种又是茶叶名。大红袍生长在武夷山九龙窠高岩峭壁上，岩壁上至今仍保留着1927年天心寺和尚所刻的"大红袍"石刻。这里日照短，多反射光，昼夜温差大，岩顶终年有细泉浸润流淌。这种特殊的自然环境，造就了大红袍的特异品质。

175 铁罗汉的名称由来是什么

传说，武夷山慧苑寺一僧人叫积慧，专长茶叶采制技艺。他长得黝黑健壮，身体高大魁梧，像一尊罗汉，乡亲们都称他"铁罗汉"。他采制的茶叶清香扑鼻、醇厚甘爽，啜入口中，神清目朗，寺庙四邻八方的人都喜欢喝他所制的茶叶。有一天，他在蜂窠坑的岩壁隙间，发现一棵茶树，树冠高大挺拔，枝条粗壮呈灰黄色，芽叶毛茸茸又柔软如绵，并散发出一股诱人的清香气。他采下嫩叶带回寺中制成岩茶，请四邻乡亲一起品茶。大家问："这茶叫什么名字？"他答不上来，只好把经过讲出来。大家听后认为，茶树是他发现的，茶是他制的，此茶就叫"铁罗汉"吧。

176 铁罗汉有何特点

铁罗汉是武夷山最早的名丛，茶树生长在武夷山慧苑岩的鬼洞，即蜂窠坑。茶树生长茂盛，叶大而长，叶色细嫩有光。

铁罗汉茶叶外形紧结，色泽青褐柔润，带有天然花香，汤色金黄明亮，滋味醇厚甘爽，回甘佳，叶底柔软透亮，冲泡后的叶底可以很明显地呈现出乌龙茶的"绿叶红镶边"。

铁罗汉　　　　　　　　　　铁罗汉茶汤

177 白鸡冠名字的由来是什么

白鸡冠的名字源于茶树名，这种茶树嫩芽初展时叶色淡绿，略呈乳白色，与浓绿的老叶形成鲜明的对比，芽叶薄而软，叶身披一层细细的茸毛，状如鸡冠，由此得名。

178 白鸡冠有何特点

白鸡冠茶的由来早于大红袍，茶树原生长在武夷山慧苑岩的外鬼洞。相传明代时，白鸡冠茶曾"赐银百两，粟四十石，每年封制以进，遂充贡茶"，直至清代止。

白鸡冠茶外形卷曲，幼芽叶相比其他茶的叶子要薄许多，也要软绵许多，春梢芽表面看起来比较缺光泽少柔润；冲泡后茶汤呈橙黄色，清新浓艳，甘甜醇韵，香气持续时间比较长，泡个七八次香气依旧如初。

白鸡冠　　　　　　　　　　白鸡冠叶底

179 水金龟有何特点

水金龟产于武夷山区牛栏坑社葛寨峰下的半崖上。因茶叶浓密闪光且模样宛如金龟而得此名。每年5月中旬采摘，以一芽二叶或三叶为主，产量不高，因而显得珍贵。

水金龟成茶条索紧结弯曲、匀整，稍显瘦弱，色泽青褐润亮呈"宝光"，冲泡后汤色清亮，香气幽长，滋味甘甜，浓饮且不见苦涩。

水金龟

水金龟茶汤

180 武夷肉桂有何特点

肉桂，也称"玉桂"，是以肉桂茶树鲜叶为原料，以武夷岩茶的制作方法制成的乌龙茶。武夷肉桂是岩茶中的高香品种。据记载，武夷肉桂最早发现于武夷山慧苑岩，另说原产于武夷山马振峰。此茶清代就已负盛名，为武夷名丛之一，但历来产量极少。

武夷肉桂成茶条索紧结卷曲匀整，色泽褐绿油润，叶背有青蛙皮状小白点。冲泡后，汤色橙黄清澈，肉桂香明显，佳者带乳香，滋味醇厚回甘，咽后齿颊留香，叶底红亮，呈绿叶红镶边，冲泡五六次仍有余香。

181 黄金桂有何特点

黄金桂产于福建安溪，由黄旦（也称黄炎）品种茶树嫩梢制成，又因有奇香似桂花，加上汤色金黄，故称为"黄金桂"。20世纪80年代以来，黄金桂多次被评为全国名茶。黄金桂成品茶上市早，一般为4月中旬采制，比一般品种早7～10天，比铁观音早半个月左右。

黄金桂成茶条索紧结，呈半球形，色泽金黄油润。冲泡后，有桂花香，香高是黄金桂的显著标志，有"透天香"的美誉，汤色金黄明亮，滋味甘鲜，叶底呈黄绿色，边缘朱红，柔软明亮。

黄金桂

黄金桂茶汤

黄金桂叶底

182 永春佛手有何特点

永春佛手

永春佛手，又名"香橼种""雪梨"，因形似佛手、名贵胜金，又称"金佛手"。主产于福建永春县苏坑、玉斗、锦斗和桂洋等乡镇，是乌龙茶中的名贵品种，至今有300多年的历史。

永春佛手茶树属大叶型灌木，有红芽佛手与绿芽佛手两种，其中以红芽佛手为佳。永春佛手成品茶条索紧结、肥壮卷曲，色泽砂绿乌润，香气馥郁幽长，似香橼果香，汤色翠绿金黄，滋味醇厚回甘。

183 安溪乌龙茶主要有哪些品种

20世纪50年代以来，为便于分类列等，将安溪乌龙茶分为铁观音、色种和黄金桂三个品种。据20世纪80年代初统计，色种占了安溪乌龙茶的80%以上，主要由本山、毛蟹、梅占、奇兰、乌龙等茶树品种制成。色种茶的各种乌龙茶品目名称与上述茶树品种名称一致。它们的色、香、味、形各具特色。

184 本山有何特点

本山因长势和适应性均比铁观音强，所以价格比较便宜。本山的香气与铁观音虽然不同，但也非常出色，同时也具有乌龙茶耐泡的特性，加上价格实惠，是铁观音的最佳替代品。

本山成茶条索壮实，梗如"竹子节"，色泽鲜艳，呈熟香蕉色。冲泡后，香气似铁观音，但较清淡，汤色橙黄，滋味清醇，略浓厚，叶底黄绿。

185 毛蟹有何特点

毛蟹条索紧结，梗圆形，头大尾小，色泽黄绿带褐，尚鲜润，有白毫；冲泡后，香气清高，略有茉莉花香，汤色呈青黄或金黄色，滋味清醇略厚，叶底圆小，叶缘锯齿深、密、锐。

毛蟹　　　　　　　　毛蟹茶汤　　　　　　　　毛蟹叶底

186 梅占有何特点

梅占成茶条索壮实长大，梗肥结长，色泽褐绿稍带暗红色，红点明；冲泡后，有芬芳之气，汤色呈深黄或橙黄，滋味醇厚，叶底粗大，叶缘锯齿粗锐。

187 奇兰有何特点

奇兰成茶条索较细瘦，梗较细，叶柄窄，色泽黄绿或褐绿，较鲜润；冲泡后，香气清高，汤色青黄或深黄，滋味甘鲜清醇，叶底头尾尖，呈梭形，叶面有光泽。

188 乌龙茶中唯一的紧压茶是什么茶

乌龙茶中唯一的紧压茶是漳平水仙。漳平水仙结合了闽北水仙与闽南铁观音的制法，是用一定规格的木模压制成的方形茶饼。

漳平水仙茶性温和，香气清高幽长，具有如兰气质的天然花香，汤色赤黄，滋味醇爽细润，鲜灵活泼，有回甘，经久藏，耐冲泡，更有久饮多饮而不伤胃的特点。

189 白毫银针名字的由来是什么

白毫银针产自福建省福鼎、政和等地，采用大白茶树的肥芽制成，因色白如银、外形似针而得名。始制于清代嘉庆年间，简称"银针"，又称"白毫"，当代则多称"白毫银针"。过去只能用春天茶树新生的嫩芽来制作，因此产量很少，所以相当珍贵。现代生产的白毫，是选用茸毛较多的茶树品种，通过特殊的制茶工艺制成的。

190 白毫银针采摘时有哪些要求

白毫银针的采摘十分细致，要求极其严格，有"十不采"的要求，即雨天不采、露水未干时不采、细瘦芽不采、紫色芽头不采、风伤芽不采、人为损伤不采、虫伤芽不采、开心芽不采、空心芽不采、病态芽不采。

191 白毫银针有何特点

白毫银针是级别最高的白茶品种，制作时不炒不揉，只是晾晒至八九成干，再以文火焙干。由于白茶制作少有人为加工，因此最接近茶叶自然、本真的滋味和香气。

白毫银针成茶外形挺直如针，芽头肥壮，满披白毫，色白如银。此外，因产地不同，品质有所差异。产于福鼎的，芽头茸毛厚，色白有光泽，汤色呈浅杏黄色，滋味清鲜爽口；产于政和的，滋味醇厚，香气芬芳。

白毫银针　　　　　　　白毫银针茶汤　　　　　　白毫银针叶底

192 白牡丹有何特点

白牡丹产自福建省政和、建阳、松溪、福鼎等地，它因绿叶夹银色白毫芽，形似花朵，冲泡后绿叶拖着嫩芽，宛若蓓蕾初绽而得名。白牡丹是用大白茶树或水仙种的短小芽叶新梢的一芽一二叶制成的，是白茶中的上乘佳品。

白牡丹成茶外形不成条索，似枯萎花瓣，色泽呈灰绿或暗青苔色；冲泡后，香气芬芳，汤色呈杏黄或橙黄，滋味鲜醇，叶底浅灰，叶脉微红，芽叶连枝。

白牡丹　　　　　　　　白牡丹茶汤　　　　　　　白牡丹叶底

193 寿眉有何特点

寿眉又称贡眉，是白茶中产量最高的品种，因茶叶形状与老寿星的眉毛相似，因此得名。主产于建阳、建瓯、浦城等地。寿眉多由茶芽制作而成，主销港澳地区。

寿眉成茶芽心较小，色泽灰绿带黄；冲泡后，香气鲜醇，汤色黄亮，滋味清甜，叶底黄绿，叶脉泛红。

寿眉

寿眉茶汤

194 新白茶有何特点

新白茶一般是指当年的明前春茶，茶叶呈褐绿色或灰绿色，且满布白毫。尤其是阳春三月采制的白茶，叶片底部以及顶芽的白毫，都比其他季节所产的丰厚。好的白茶一定会带着毫香，而且还会夹杂着清甜香以及茶青的味道。新白茶滋味鲜爽，口感较为清淡，清新宜人。根据个人习惯，一般可以冲泡六泡左右。

195 老白茶有何特点

老白茶整体呈黑褐色，略显暗淡，但依然可以从茶叶上辨别出些许白毫，而且可以闻到阵阵陈年的幽香，毫香浓重但不浑浊。老白茶有散茶和饼茶之分。老白茶茶汤颜色深、呈琥珀色，香气清幽略带毫香，头泡带有淡淡的中药味，口感醇厚清甜；老白茶非常耐泡，在普通泡法下可达二十余泡，而且到后面仍然滋味尚佳。

196 为什么白茶有"一年茶、三年药、七年宝"的说法

一般的茶保质期为一到两年，因为过了两年的保质期，即使保存得再好，茶的香气也已散失殆尽。白茶却不同，它与生普洱一样，储存年份越久茶味越是醇厚和香浓，素有"一年茶、三年药、七年宝"的说法。

一般五六年的白茶就可算老白茶，十几二十年的老白茶已经非常难得。白茶存放时间越长，药用价值越高，极具收藏价值。老白茶在多年的存放过程中，茶叶内部成分缓慢地发生着变化，多酚类物质不断氧化，转化为黄酮、茶氨酸和咖啡碱等成分，香气逐渐挥发，汤色逐渐变红，滋味变得醇和，茶性也逐渐由凉转温。

197 老白茶有什么功效

近几年非常流行喝老白茶。老白茶具有降血压、降血脂、降血糖、抗氧化、抗辐射、防暑、解毒等功效。而且老白茶茶性温和，可以常年饮用。

198 茉莉花茶类中唯一的中国历史名茶是什么茶

在《中国名茶志》里，福州茉莉花茶是茉莉花茶类中唯一的中国历史名茶。福州是茉莉花茶的发源地，已有近千年历史。茉莉花是佛教四大圣花之一，随佛教传入福州，福州逐渐成为茉莉之都。由于宋代香疗的普及，中医对茶及茉莉花的保健作用充分认识，福州茉莉花茶在此环境下产生，宋朝许多史料都记载了福州茉莉花茶采摘、制作、品赏的过程。清咸丰年间，福州茉莉花茶作为皇家贡茶，开始进行大规模商品性生产。中华人民共和国成立至今，福州茉莉花茶一直是国家的外事礼茶。

199 茉莉银针有何特点

茉莉银针

茉莉银针产于福建茶区。它用白毫银针的早春鲜叶做成烘青绿茶，再加窨茉莉鲜花。成茶条索紧细如针，匀齐挺直，满披毫毛，香气鲜爽浓郁，汤色清澈明亮。冲泡时茶芽耸立，沉落时如雪花下落，蔚然奇观。

200 桂花乌龙茶是什么茶

桂花乌龙茶是"铁观音故乡"福建安溪传统的出口产品，主销港、澳、东南亚和西欧。桂花乌龙茶是以乌龙茶拌和新鲜桂花窨制而成的，属花茶类。桂花乌龙干茶粗壮重实，色泽褐润，须高温冲泡。品饮时，茶汤不仅具有乌龙茶的甘润，更富有桂花的芬芳，饮后齿颊生津，回味无穷。

（五）江西省名茶

201 江西省有哪些名茶

江西是我国产茶大省之一，所产茶叶的品类非常多，庐山云雾、婺源毛尖、狗牯脑茶、井冈翠绿、上饶白眉、双井绿茶、宁红工夫茶等都是江西省各市县具有代表性的优质茶。

202 庐山云雾茶有何特点

庐山云雾茶，古称"闻林茶"。远在汉代，庐山已有茶树种植，唐代时庐山茶已很有名，宋代时被列为贡茶。后因茶树常年生长在云山雾海的笼罩下，到了明代被称为"云雾茶"，至今已有三百多年的历史。庐山云雾茶一般在谷雨至立夏开始采摘，鲜叶原料以一芽一叶初展为标准。

庐山云雾属兰花形烘青绿茶，常用"条索粗壮、青翠多毫、汤色明亮、叶嫩匀齐、香高持久、醇厚味甘"六绝来形容。庐山云雾茶叶厚毫多，耐冲泡。

203 怎样品鉴婺源茗眉

婺源茗眉

婺源茗眉产于江西省婺源县，创制于1958年。婺源所产的茶，自然清新，品质优越，入口清香。婺源茗眉以白毫满披、纤秀如眉而得名。

婺源茗眉的品赏一般有四个步骤：① 赏茶：从干茶的条索、色泽、干燥程度，观察茶叶的品质。如果茶叶条索片卷顺直，铁青透翠，大小均匀，老嫩、色泽一致，可见烘制到位。② 闻香：品鉴茶叶冲泡后散发出的清香。有板栗香味或幽香的为上乘，有青草味的说明炒制功夫欠缺。③ 观汤：欣赏茶叶在冲泡时上下翻腾、舒展的过程，以及茶叶的溶解情况和茶叶冲泡沉静后的姿态。④ 品味：品赏茶汤滋味。品饮前，先用高冲、低斟、括沫、淋盖等传统的方法冲泡。品饮时，通常是先慢喝两口茶汤后，再小呷细细品味。

204 狗牯脑茶名字的由来是什么

狗牯脑茶产于江西省遂川县汤湖乡的狗牯脑山。该山形似狗头，因而所产茶叶命名为狗牯脑。狗牯脑茶品质上乘，入口苦中带甘，韵味幽香。

205 狗牯脑茶的采制技术是怎样的

狗牯脑茶鲜叶原料十分细嫩，一般在4月初开始采摘，高级狗牯脑茶的鲜叶标准为一芽一叶初展。要求做到不采露水叶，雨天不采叶，晴天的中午不采叶。鲜叶采回后要进行挑选，剔除紫芽叶、单片叶和鱼叶，然后再经过杀青、揉捻、整形、烘焙、炒干和包装六道工序。

206 井冈翠绿有何特点

井冈翠绿是江西省井冈山垦殖场茨坪茶厂经过十余年的努力创制而成的。由于产地为井冈山，色泽翠绿，故名井冈翠绿。井冈翠绿的鲜叶标准为一芽一叶至一芽二叶初展，多采自谷雨前后。鲜叶采后，略经摊放，经过杀青、初揉、再炒、复揉、搓条、搓团、提毫、烘焙八道工序制成。

井冈翠绿成茶条索细紧曲匀，色泽翠绿多毫，香气鲜嫩，汤色清澈明亮，滋味甘醇，叶底完整嫩绿明亮。冲泡时，芽叶吸水散开，宛如天女散花，徐徐而降，再等片刻，芽叶散开更大，又如兰花朵朵在水中盛开。

207 上饶白眉有何特点

上饶白眉是江西省上饶县创制的特种绿茶，因满披白毫，外形如老寿星的眉毛，故而得此美名。上饶白眉鲜叶采自大面白茶树品种，由于鲜叶嫩度不同，分为银毫、毛尖、翠峰三个等级，总称上饶白眉。采摘要求为嫩、匀、鲜、净。按照加工银毫、毛尖、翠峰的不同要求采摘。

上饶白眉外形壮实，条索匀直，白毫显露，色泽绿润，冲泡后香气清高持久，汤色明亮，滋味鲜醇，叶底嫩绿。

208 双井绿茶因何而得名

双井绿茶产于江西省修水县杭口乡"十里秀水"的双井村。该村江边有座石崖形成的钓鱼台，台下有两井，在一块石崖上，镌刻着黄庭坚手书的"双井"两字，茶园就坐落在钓鱼台畔，该茶因此而得名。

209 双井绿茶有何特点

双井绿茶茶园依山傍水，土质肥厚，气候温和湿润，茶树生长环境极佳。

双井绿茶外形紧而圆，稍弯曲，显锋苗，银毫显露，冲泡后香气高而持久，汤色淡绿显黄、清澈明亮，滋味鲜爽甘醇，叶底嫩黄显绿，光润匀净。

210 宁红工夫有何特点

宁红工夫产自江西省修水县，是我国最早的工夫茶之一，始于清代道光年间。修水县古称宁州，清朝称"义宁州"，故所产红茶，称为宁州红茶，简称宁红。

特级宁红成品茶紧细多毫，锋苗显露，略显红筋，乌黑油润，冲泡后香高持久似祁红，汤色红亮稍浅，滋味醇厚甜和，叶底红匀开展。

（六）山东省名茶

211 山东省有哪些名茶

中唐时，北方饮茶已较为普及，江南大批茶叶长途运往北方。山东人饮茶始于唐宋时期，自宋代至今，茶已成为山东人民的生活必需品。改革开放以来，山东省大力发展茶生产，取得了显著成就。

山东省名茶主要有崂山绿茶、日照绿茶等。2006年，在山东省纪念"南茶北引"五十周年大会上，揭晓了"山东十大名茶"：浮来青、碧波清锋、茗家春、百满、御园春极品茶、共青绿、碧芽春、大白银剑、春山雪芽、北崂春毫。

山东绿茶以香气高、滋味浓、耐冲泡的特有品质备受消费者的欢迎，在全国的茶市场中占有重要的位置。

212 浮来青有何特点

浮来青产于山东省莒县浮来山，创始于1993年。浮来青在清明后开采，以一芽一叶初展到一芽一叶开展为鲜叶采摘标准。

浮来青茶的品质特点是绿、香、浓、净。绿，指干茶色泽翠绿，汤色黄绿明亮，叶底嫩绿鲜亮。香，指干茶香气清新鲜香，冲泡后栗香高而持久。浓，指茶汤滋味浓醇甜爽。净，指叶底匀齐无碎末及杂质。

213 山东省日照市绿茶的代表品种是什么

日照绿茶的代表品种是日照雪青，产于日照市东港区上李家庄茶场，创制于1975年。日照雪青因采用寒冬过后茶树返青后第一次采集的茶鲜叶所制而得名，属高档绿茶。日照雪青生长于山清水秀、云蒸雾绕的沿海山区，零下十几度的北方冬天气候严寒，使害虫无法越冬，故一般不施用农药，常年施用有机肥。

日照雪青叶细如毫发，色泽翠绿，白毫显绿，冲泡后汤色明亮清澈，口感清鲜，回味甘甜，香气持久。

214 沂蒙玉芽有何特点

沂蒙玉芽产于山东省莒南县洙边镇，始制于1994年。该茶创制时的鲜叶原料采自安徽黄山种和浙江鸠坑种，近年来主要以无性系福鼎大白茶代替。每年4月下旬开采，加工工艺为鲜叶摊放、杀青、整形、足干。

沂蒙玉芽外形挺直略扁，色泽嫩黄绿，冲泡后汤色黄亮，栗香浓郁持久，滋味鲜醇爽口，叶底嫩绿匀齐，芽尖亭亭玉立，耐冲泡。

215 海青峰茶有何特点

海青峰茶产于山东青岛，创制于1993年。产茶区位于黄海之滨的翠龙山脉，受海洋性气候的影响，这里云雾多，空气湿润，日照时间长，昼夜温差大，土地肥沃，因此茶叶中内含物质含量高。

海青峰茶是由炒、烘结合加工成的窄扁形绿茶。外形扁平光滑，紧实如剑且显锋，色泽翠绿，白毫密集，冲泡后嫩香浓郁，汤色黄绿明亮，滋味浓爽，回味甘甜，叶底匀齐。

216 崂山绿茶有何特点

崂山绿茶出产于山东青岛崂山。1959年崂山地区"南茶北引"获得成功，生产出品质独特的崂山绿茶。崂山绿茶叶片厚，干茶外形有卷曲形、扁形，色泽翠绿，冲泡后茶汤黄绿明亮，有豆香，滋味鲜醇，耐冲泡。

217 什么是"南茶北引"

20世纪50年代，有民间农业科技人员提议进行"南茶北引"，将皖南、浙江的良种引入气候温和湿润、土壤呈酸性的山东省青岛市崂山。1956年，"南茶北引"开始，第二年正式引种。引种后历经挫折，终获成功，结束了北纬36°以北没有茶树的历史，成为我国茶生产史上的一个创举。

"南茶北引"最早获得成功的是崂山绿茶。

（七）河南省名茶

218 河南省有哪些名茶

河南省不是产茶大省，出产的主要茶品有信阳毛尖、赛山玉莲、仰天雪绿、金刚碧绿、龙眼玉叶、水濂玉叶等。

信阳毛尖

219 赛山玉莲有何特点

赛山玉莲产于河南省光山县凉亭乡赛山一带，创制于1990年。赛山玉莲因产于赛山而得名。赛山玉莲茶区的茶树品种除当地的群体种外，还先后引进了无性系良种白毫早、龙井43等。

赛山玉莲于清明前后开采，有"明前金，明后银，谷雨过后采茶停"的说法，采摘坚持"四选择、八不要、一摊放"的原则。赛山玉莲外形清秀如玉，碧如莲叶，扁平挺直，白毫满披，色绿鲜活，冲泡后汤色浅绿明亮，香气嫩香持久，滋味鲜爽回甘，叶底嫩绿明亮。

220 仰天雪绿有何特点

仰天雪绿产自河南省固始县仰天洼茶场，1984年试制成功。仰天雪绿干茶外形条索扁平，挺秀显毫，色泽翠绿油润，冲泡后茶汤嫩绿明亮，香高、鲜嫩，滋味鲜醇，叶底嫩匀。

221 金刚碧绿有何特点

金刚碧绿主产于河南省商城县大别山主峰海拔1584米的金刚台一带，始制于1990年。金刚碧绿茶区海拔高，产茶区靠北，因此上市较晚。优越独特的自然环境使茶内含物质丰富，特征明显。

金刚碧绿干茶色泽翠绿，肥壮紧直，微扁显芽，冲泡后汤色嫩绿明亮，香气清新，滋味鲜爽，饮后口颊留香，沁人心脾，耐冲泡，具有高山云雾茶的品质。

222 龙眼玉叶有何特点

龙眼玉叶产自河南新县东北部八里畈乡的七龙山，茶树多是当地的群体桂花种，树冠高大，枝繁叶茂，芽壮多毫。1984年春，河南省茶叶专家钱远昭在此传授种茶技艺时，创制此茶。该茶采用鲜嫩叶，形似西湖龙井。

龙眼玉叶干茶外形扁平尖削似玉叶，白毫成球似龙眼，大小匀齐，光滑挺秀，色泽米黄，冲泡后香高持久，汤色清澈明亮，滋味甘醇爽口，叶底匀嫩成朵。

223 水濂玉叶和桐柏玉叶是一种茶吗

水濂玉叶就是桐柏玉叶。

水濂玉叶产于河南省桐柏县，始制于1997年，是桐柏茶种场研制的新名茶。水濂玉叶产于桐柏山主峰太白顶东侧的金台观、水濂洞、桃花洞一带。桐柏山小气候特别，有独特的自然生态环境，造就了桐柏山茶特有的品质和风味。

水濂玉叶茶外形扁平似玉叶，芽毫隐藏，色泽绿翠，冲泡后汤色嫩绿明亮，有清香或板栗香，香高持久，滋味鲜爽醇厚，叶底嫩绿、肥壮显芽。

（八）湖北省名茶

224 湖北省有哪些名茶

湖北是"茶圣"陆羽的故乡，茶资源十分丰富。目前已建成茶园110

多万亩，形成了鄂南幕阜山、鄂西武陵山、鄂东大别山、鄂西北秦巴山、鄂中大洪山和宜昌三峡六大茶区。

较为著名的湖北省名茶有采花毛尖、武当有机茶、绿生牌松针茶、松峰茶、峡州碧峰、恩施富硒、邓村绿茶、英山云雾茶、水镜茗芽、归真茶、龙峰茶、鹤峰茶、金水翠峰、大悟寿眉。此外还有我国少有的蒸青绿茶恩施玉露、仙人掌茶、宜红工夫、湖北老青茶等。

225 采花毛尖是如何创制出来的

采花毛尖产于湖北省五峰县采花乡。据《长乐县志》记载：邑属水浕、石粱、白溢等处，俱产茶。每于三月，有茶之家妇女大小俱出采茶。清明前采者，为雨前细茶，谷雨节采者，为谷雨细茶，并有白毛尖，萌勾亦曰茸勾等名，其余为粗茶。早在清朝我国与英国通商后，就有英商在五峰采花设立"英商宝顺和茶庄"。采花毛尖由此成为湖北第一的中国名茶。

20世纪80年代后期，根据五峰传统名茶毛尖茶手工加工工艺结合现代机械加工的特点，创制出了以采花乡地名命名的采花毛尖茶。

226 采花毛尖有何特点

采花毛尖外形匀直，嫩绿披毫，叶底嫩绿明亮、匀齐。采花毛尖富含硒、锌等微量元素及氨基酸、芳香物质、水浸出物，使茶叶形成香气持久、汤色清澈、滋味浓醇的独特品质。

227 欧阳修的"春秋楚国西偏境，陆羽茶经第一州"赞誉的是什么茶产区

赞誉的是盛产邓村绿茶的峡州区域。当代"茶圣"吴觉农先生亦有"西陵峡，山川秀丽，当有名茶"的观点。

228 邓村绿茶有何特点

邓村绿茶产于湖北省夷陵区邓村乡，是中华人民共和国成立后邓村乡

生产的绿茶的统称，是典型的高山云雾茶。这里终年有雾，气候湿润温和，土层深而肥厚，适宜茶树生长。邓村绿茶以宜昌大叶种、宜红早（鄂茶四号）、鄂茶九号等为原料。

邓村绿茶属针形芽茶，干茶外形细而紧结，色泽绿而光润，冲泡后栗香高而持久，汤色清澈绿亮，滋味浓醇鲜爽，叶底绿润光亮，匀整度好。

229 恩施玉露茶名的由来是什么

恩施玉露，也叫"五峰山玉露"，产于湖北省恩施市五峰山一带，是我国为数不多的蒸青绿茶。恩施产茶始于宋代，但玉露茶始于清代。康熙年间，恩施有位茶商自产自制茶叶，他制出的茶叶外形紧圆挺直，色绿如玉，故称恩施玉绿。1936年在玉绿的基础上，研制出玉露茶，因白毫如玉、润泽如露而得名。

230 恩施玉露有何特点

恩施玉露主要产地为五峰山，这里气候温和，雨量充沛，山中云雾缭绕，土质深厚肥沃，非常有利于茶树的生长和芳香物质的形成。

恩施玉露

恩施玉露成茶条索紧细光滑、挺直带毫，色泽鲜绿油润，经沸水冲泡后，芽叶如松针在杯中悬浮，香气清鲜，汤色碧绿清澈，滋味鲜爽醇和，叶底嫩绿匀整。

恩施玉露分为极品、特级、一级、二级共四个等级。

231 恩施玉露的制作工艺有何特点

恩施玉露于清明前开采，到谷雨前结束。制作工艺采用的是唐代盛行的蒸青制茶法。蒸青要求高温、薄摊、短时、快速。先把蒸青盒插入蒸青箱内，待水沸腾，盒内温度近100℃时，迅速把鲜叶均匀薄摊在盒内，每平方米摊叶2千克，以鲜叶失去光泽、叶质柔软、青气消失、茶香显露为度。蒸青时间一般为30秒，较老叶子适当延长。恩施玉露是我国保留下来的为数不多的传统蒸青绿茶。

232 英山云雾茶有何特点

湖北省东北部大别山南麓主峰天堂寨盛产英山云雾茶。英山云雾茶因是高山和半高山茶场所产，品质具有明显的香高持久、味醇爽口、耐冲泡的特色。英山云雾茶有春笋、春蕊、春茗、碧剑、龙特五个级别。

233 湖北省天堂寨的雷家店是远近闻名的茶叶强镇，这里都有哪些英山茶俗

雷家店是英山云雾茶的发源地。

敬茶是英山人待客的最基本礼节，敬茶、接茶有很多讲究：① 茶具以小为敬，富人家有专门待客用的茶盅。不能备有茶盅的人家，最好用小饭碗，不能用菜碗。② 加水适中为敬，尤忌满碗，有"酒满敬客，茶满欺客"的说法。③ 茶叶以细为优，英山的细茶是通常待客的佳品。农家每逢清明前后采新茶，用铁锅文火炒干，研成细末，故称细茶。④ 奉茶双手捧上为敬。⑤ 双手接茶盅或茶碗为敬。

234 较有名的道茶指何种茶叶

较有名的道茶指武当道茶。产自湖北省武当山，为历史名茶，创制于明代永乐年间。又因产自武当太和山，亦名太和茶。道茶出自道人，道人传承茶道，道人与道茶的结缘，源自道茶中蕴藏着的多种药用价值和道人对养生修性的追求。

235 武当道茶有何特点

武当道茶产自湖北省武当山，这里土质好，气候好，雨水适宜，茶叶

肥壮内质好，又称为"仙山云雾"。

武当道茶外形紧细，圆直似针，色泽绿润显毫，冲泡后汤色嫩绿明亮，香气高而持久，滋味鲜爽回甘，叶底嫩绿匀齐。

236 龙峰茶有何特点

龙峰茶，即竹溪龙峰，产于湖北省竹溪县，为历史名茶，于1973年恢复生产。此茶因产地名称和外形紧细显锋而得名。竹溪茶园坐落于海拔700～1200米的群山环绕之中，四周云遮雾罩，山溪纵横，四季分明，雨量充沛。竹溪茶从唐代女皇武则天时期开始成为历代朝廷的必备贡品。

龙峰茶干茶色泽翠绿，条索紧细显苗锋，冲泡后汤色嫩绿明亮，清香鲜嫩持久，滋味浓醇爽口，有回甘，叶底嫩绿匀齐。

237 鹤峰茶有何特点

鹤峰茶产自湖北省鹤峰县，始制于20世纪80年代。鹤峰县位于湖北省西南部武陵山区腹地，这里山峦起伏，溪流纵横，森林密布，气候温和，终年多雾寡照，昼夜温差大，雨量充沛，土层肥沃而疏松。

鹤峰茶条索紧细圆直，色泽翠绿显毫，冲泡后汤色嫩绿明亮，香气清高持久，滋味鲜爽醇厚，叶底嫩绿匀整。

238 鹤峰茶产区的自然环境有哪些优势

① 土壤地貌情况：鹤峰县土壤中含有丰富的非金属元素——硒。自古以来，鹤峰茶就以形奇、色奇、汤奇、味奇著称，正是富含硒的缘故。② 水文情况：鹤峰县地域辽阔，河沟纵横，有溇水河、咸盈河、林溪河、王家河、白泉河、江坪河六大流域构成。③ 气候情况：鹤峰县属亚热带季风气候区，四季分明。

239 金水翠峰有何特点

金水翠峰产于湖北省武汉市江夏区金水闸，属新创名茶，创制于1979年。江夏区金水闸位于武汉市南郊，这里丘陵起伏，江湖环绕，山清水秀，气候温和。该茶因产地为金水，故名金水翠峰。

金水翠峰外形条索紧细挺秀，色泽翠绿，锋毫显露，冲泡后香清味醇，茶汤绿黄明亮，叶底嫩绿。

240 金水翠峰有几种加工方法

金水翠峰的加工工艺分半机械半手工加工和全机械化加工两种。

半机械半手工加工工艺包括杀青、揉捻、二青、搓条、烘干、提香等工序。全机械化加工工艺包括杀青、揉捻、二青、三青、理条整形、干燥、提香等工序。

241 大悟寿眉的生长环境有何特点

大悟寿眉产于湖北省孝感市大悟县黄站镇万寿寺茶场，始制于1994年。茶园地处鄂东北大别山南麓，属亚热带季风气候。这里崇山峻岭，溪水长流，云雾缭绕，雨量充沛，气候温和，空气湿润，土壤肥沃，森林覆盖率高，散射光多，矿物质含量丰富，极适宜茶树生长发育。

242 大悟寿眉的采制是怎样的

大悟寿眉于清明前后开采，采摘标准为一芽一叶初展，要求细嫩匀齐，色泽翠绿。制作工艺流程为采摘、摊青、杀青、烘焙、二烘、足干六道工序。

243 大悟寿眉有何功效

① 保护神经细胞，对预防脑损伤和阿尔茨海默症可能有帮助；② 能通过调节脑中神经传达物质的浓度使高血压患者的血压降低；③ 消除神经

紧张；④ 提神、解除疲劳；⑤ 改善女性经期综合症；⑥ 增强抗癌药物的
疗效；⑦ 减肥、护肝。

244 宜红工夫名字的由来是什么

宜红工夫产自湖北宜昌、恩施等地，这一带是我国古老的茶区之一，
唐代陆羽曾将宜昌地区的茶叶列为山南茶之首。鄂西山区属神农架一带，
山林茂密，河流纵横，雨量充沛，土壤呈微酸性，适宜茶树生长。据记
载，宜昌红茶问世于19世纪中叶，至今已有一百多年历史。1861年，英国
于湖北大量收购红茶，因交通关系，这些红茶均需经宜昌转运，故取名为
宜昌红茶。

245 宜红工夫有何特点

宜红工夫是传统的条形红茶，条索紧细有毫，色泽乌润。冲泡后，香
气醇甜高长，滋味鲜醇，汤色、叶底红亮。茶汤冷却后，有"冷后浑"现
象产生。

宜红工夫

宜红工夫茶汤

宜红工夫叶底

246 湖北老青茶是什么样的茶

老青茶又称"青砖茶"，属黑茶种类。青砖茶主要销往内蒙古等地区。

青砖茶最外一层称洒面，原料的质量最好；最里面的一层称二面，质
量稍差；这两层之间的一层称里茶，质量较差。青砖的外形为长方形，色
泽青褐，香气纯正，汤色红黄，滋味香浓，回甘隽永。饮用青砖茶，除生

津解渴外，还具有提神、帮助消化、杀菌止泻等功效。

常规的青砖茶有2千克/片、1.7千克/片、900克/片、380克/片四种。目前，为满足日益多元化的消费需求，已经开发出了方便携带与冲泡的小块青砖。

湖北青砖

（九）湖南省名茶

247 湖南省有哪些名茶

湖南，位于我国第二大淡水湖——洞庭湖的南面，故称湖南，是我国重点产茶省之一，产茶量居全国第二位，现有茶园面积一百八十万亩，素有"茶乡"之称。据《汉志》记载以及长沙马王堆汉墓出土的文物表明，湖南的产茶史可追溯到两千多年前的西汉初期，是我国人工栽培茶树最早的省份之一。茶陵县始置于汉初元封五年（前106年），为长沙国二十二县之一，是我国最早用"茶"字命名的地名，至今仍是我国唯一使用"茶"字的县名。

湖南省主要名茶有高桥银峰、古丈毛尖、兰岭毛尖、狗脑贡茶、安化松针、金井毛尖、东山秀峰茶、南岳云雾茶、沩山毛尖、石门银峰茶、野针王、武陵山脉的茉莉花茶、武陵绿茶、君山银针、湖红工夫、茯砖茶等。

248 兰岭毛尖有何特点

兰岭毛尖产自湖南省湘阴县，又名"兰岭绿之剑"，始制于1993年。

适制兰岭毛尖的茶树品种主要有福鼎大白毫、福云6号、湘波绿、湘妃茶等无性系优良品种。

兰岭毛尖条索紧直匀整，银毫满披隐翠，冲泡后汤色黄绿明亮，香气鲜嫩持久，滋味醇爽回甘，叶底嫩绿鲜亮。采摘标准为一芽一叶初展，芽叶长度为2~2.6厘米。

249 兰岭毛尖的"清风"制作工艺是什么意思

兰岭毛尖的加工工艺为摊放、杀青、清风、揉捻、理条、提毫、烘焙。其中"清风"工艺是指在杀青叶出锅后，将杀青叶摊在篾盘中，立即簸扬数次，散发热气和水汽，簸去细小屑片。

250 1959年春，湖南省茶叶研究所为向国庆十周年献礼，创制出什么茶叶

高桥银峰是湖南省茶叶研究所于1959年为向中华人民共和国国庆十周年献礼特别创制的绿茶类名茶，也是中华人民共和国成立后湖南省最早新创的名茶。郭沫若品饮后，赞美道：肯让湖州夸紫笋，愿同双井斗红纱。"茶因诗贵，诗随茶传"，高桥银峰茶因郭沫若的题诗而在中国茶叶界声名远播。

251 高桥银峰有何特点

高桥产茶历史悠久，是湖南省的重要茶区。这里山丘叠翠，河湖掩映，云雾弥漫，景色秀丽。

高桥银峰外形细卷匀齐，银毫披露隐翠，冲泡后香气清高持久，汤色明亮，滋味鲜醇爽口，叶底嫩匀明亮。

高桥银峰

252 安化松针有何特点

安化松针产于湖南省安化县，始于1959年。安化是大山区，县邑位于湘中，处雪峰山脉北段。这里冬暖夏凉，气候温和湿润，雨量充沛，土质肥厚，适宜茶树生长。安化松针采用清明前一芽一叶初展的幼嫩芽叶制成。采摘要求不采虫伤叶、紫色叶、雨水叶、露水叶。

安化松针外形似松针，细挺匀直，翠绿显毫，冲泡后汤色青绿明亮，香气清鲜浓郁，滋味浓醇甘甜，叶底嫩黄光润。

253 古丈毛尖为何被称为历史名茶

古丈是湖南省名优茶区之一，种茶历史悠久，古丈茶从唐代起即为贡品。古丈位于武陵山区，包括龙山、保靖、永顺、古丈诸县。《永顺县志》记载：唐代溪州以茅茶入贡，实为地方生产可知。说明古丈等县生产贡茶至少有1600多年的历史。所以古丈毛尖为历史名茶。

254 南岳银针和南岳毛尖都属南岳云雾茶吗

南岳银针和南岳毛尖同属南岳云雾茶。南岳云雾茶产于湖南省的南岳衡山，为历史名茶，创制于唐代。衡山位于湖南省中部偏东，这里云缠雾绕，气候湿润，土地肥沃，最适宜于种茶，这里出产的茶就叫云雾茶。南岳云雾高山茶已有两千多年的历史。

255 南岳云雾茶的采摘标准如何

现在生产的南岳云雾茶分银针和毛尖两个品种。银针采摘标准是一芽一叶初展，无鱼叶杂质，不采雨水叶，摊放2小时。毛尖采摘标准是一芽一叶、一芽二叶初展，剔除不符合要求的叶片及杂质，摊放2～3小时。

256 南岳云雾茶的加工工艺和特点是什么

南岳银针加工工艺为杀青、清风、揉捻、烘二青、理条、烘干、提香。南岳毛尖加工工艺为杀青、清风、揉捻、烘二青、理条、复揉、烘干、提香。

南岳云雾茶条索紧细微曲，银毫贴身，冲泡后香气馥郁，滋味醇厚甘爽，汤色、叶底黄绿明亮。

257 狗脑贡茶因何而得名

狗脑贡茶历史悠久，享誉江南。相传神农带着琉璃狮子狗，尝百草到汤市，得茶而解毒，为了纪念神农，人们便以狮子狗为名，将茶山取名为"狗脑山"。宋代时狗脑山茶成为贡品，狗脑贡茶由此而得名。

258 狗脑贡茶有何特点

狗脑贡茶产于罗霄山脉南端的资兴市汤溪镇狗脑山一带，为历史名茶，创制于宋代。汤市地处湖南省东南部，这里山峦叠翠、云雾缭绕，空气清新，气候温和，无污染，是湖南省著名的名优茶之乡。

狗脑贡茶属绿茶，成品外形条索紧细、巧曲奇卷、银毫满披，色泽绿润灵雅。冲泡后，汤色嫩绿明亮，香气高锐持久，滋味鲜厚醇爽、回味悠长，叶底嫩匀，耐冲泡。

259 狗脑贡茶的采制是怎样的

狗脑贡茶以当地传统的中小叶茶树群体种为原料，采摘标准为一芽一叶，剔除杂质。狗脑贡茶的加工工艺为摊青、杀青、清风、出烘、整形、摊凉、提毫、复烘、摊凉、足火、拣剔。

260 沩山毛尖有何特点

沩山毛尖产于湖南宁乡的大沩山，是我国古老的传统名茶。在沩山毛尖的制茶工艺中，最后用枫木或香黄藤燃烧熏烟，从而使茶叶具有烟香。

对一般的茶来说，凡茶叶具有烟味、焦味或腥气者，便认为此茶质量不好；但对毛尖来说，带有松香烟味，是质量上乘的标志。

沩山毛尖成茶外形叶缘卷成块状，白毫显露，色泽黄亮油润；冲泡后，松烟香浓厚，汤色橙黄明亮，滋味醇甜爽口，叶底黄亮嫩匀。

261 湖红工夫有何特点

湖红工夫，主要产自湖南省安化、新化、桃源等县市，以安化制制的工夫红茶为上品。据记载，湖红始于清代咸丰三年（1853年）的湖南安化，以后才逐渐向毗邻地区扩展。

湖红成茶外形条索紧结肥硕，锋苗好，色泽红褐带润；冲泡后，香气高，汤色浓，滋味醇，叶底红。

262 最早的黑茶生产地是哪里

黑茶生产始于湖南益阳安化县。2009年，世界纪录协会认定安化为中国最早的黑茶生产地。历史上横贯欧亚大陆的"丝绸之路"运输的主要商品是丝绸、瓷器、茶叶。安化黑茶，通过古丝绸之路源源不断运往西北边疆，也销往俄国、英国等国家。

263 安化黑茶有何特点

安化黑茶条索卷折成泥鳅状，色泽油黑，具有松烟香，汤色橙黄，香味醇厚，叶底黄褐。

安化黑茶最初以"千两茶"的形式出现，此茶一般为长约1.51～1.65米、直径约0.2米的筒状。一般以竹黄、棕叶、蓼叶捆扎，重量约36.25千克，合旧称一千两，故而得名，也因此被誉为"世界茶王"。

完整的千两茶

264 安化黑茶有哪些品类

安化黑茶在长期的发展过程中逐渐形成了众多的品类，主要概括为"三尖""四砖""一花卷"。"三尖"即天尖、贡尖和生尖，三尖茶又称为湘尖茶；"四砖"即茯砖、花砖、黑砖和青砖；"一花卷"即新标准的安化千两茶系列，包括以重量命名的千两茶、百两茶和十两茶。

湘尖茶	千两茶的一段	茯砖茶

（十）广东省名茶

265 广东省有哪些名茶

广东省地处亚热带，日照长、气温高，人们流汗多，因此需要通过饮食来补充水分。广东人爱饮茶，且讲究环境，饮茶场所遍布城市乡镇。广州人的"饮早茶"与潮州人的"工夫茶"，是广东社会文化生活中重要的文化现象。

广东乌龙茶名茶有潮州的凤凰单丛、岭头单丛、石古坪乌龙、大叶奇兰等。绿茶名茶有古劳茶、合箩茶、乐昌白毛茶、清凉山茶、仁化银毫茶等。红茶名茶有英德红茶、荔枝红茶、玫瑰红茶等。

266 古劳银针为什么不能采用红芽型鲜叶进行加工

古劳茶产于广东省鹤山市，由客家人创制于宋朝。古劳茶主要有古劳茶和古劳银针两个品类。古劳茶树分青芽型和红芽型两种类型，红芽型鲜叶制成的古劳茶香气低，青芽型鲜叶制成的古劳茶香气清高。因此，古劳银针多采用青芽型鲜叶加工而成。

267 英德红茶有何特点

英德红茶简称"英红"，产于广东省英德市，故名英德红茶，创制于1959年。20世纪80年代英红成为我国重要的红茶产品，销往德国、英国、美国、波兰、苏丹、澳大利亚等70多个国家和地区。

英德红茶茶区峰峦起伏，江水萦绕，喀斯特地形地貌构成了洞邃水丰的自然环境。大小茶场即建于地势开阔的丘陵缓坡上。

英德红茶外形肥嫩，紧结重实，色泽乌润，金毫显露，冲泡后香气浓郁，花香明显，汤色红艳明亮，滋味浓醇。单独泡饮，或加奶、糖冲泡，均适宜。

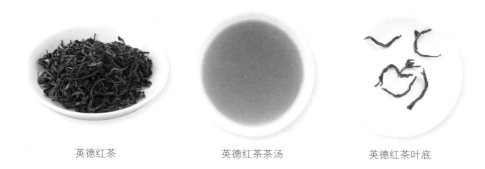

英德红茶　　　　　　　英德红茶茶汤　　　　　　英德红茶叶底

268 英德红茶为何如此香高味浓

英德红茶之所以品质优异，除了优越的自然环境外，还与选用适制红茶的云南大叶种为主体、搭配香高的凤凰水仙品种有关，从而奠定了英红香高味浓的物质基础。

269 岭头单丛有何特点

岭头单丛，又称"白叶单丛"，产于广东省饶平县，茶种源自饶平县坪溪镇岭头村，遂得此名。该茶树品种由饶平县坪溪镇岭头村茶农从凤凰水仙群体品种中选育而成。2002年4月，第三届全国农作物品种审定委员会审定岭头单丛为国家级茶树良种。

岭头单丛茶树属小乔木，中叶型，早芽种，分枝角度中等，叶长卵形，叶色黄绿，叶质柔软，生长快，产量高，品质优，适应性强，是当今广东省乌龙茶的当家品种。

岭头单丛素以香、醇、韵、甘、耐泡、耐藏六大特色而负盛名，干茶条索紧结，重实匀净，色泽黄褐光艳，内质香高，蜜韵深远，附杯性强，汤色蜜黄，清新明亮，滋味醇厚，叶底黄绿腹朱边，回甘力强而快，饮后有甘美怡神，清心爽口的感觉。

270 岭头单丛具有一般乌龙茶所没有的哪些优势

岭头单丛是国家级优良乌龙茶品种，成品茶具有一种特殊的花蜜香韵（现称为"蜜韵"）。岭头单丛具有一般乌龙茶所没有的优势，主要是发芽早，芽梢肥壮，生育期长，生长快，适应性强，产量高，品质风格突出，鲜叶化学基础物质较为丰富。

271 荔枝红茶有何特点

荔枝红茶产自中国广东、福建一带茶区。制作工艺是在新鲜荔枝烘成干果过程中，以工夫红茶为原料，低温长时间合并窨制而成。荔枝红茶干茶细嫩、匀整、油润，以轻火烘焙，汤色浓红清澈，带有焦糖香、麦芽香，滋味鲜美甘甜，口感软韧。荔枝的清甜遮盖了红茶的微苦，香气紧随氤氲的水汽袅袅上升，四处飘散，冷热皆宜。

（十一）广西壮族自治区名茶

272 广西壮族自治区有哪些名茶

广西壮族自治区产的茶品种比较多，绿茶类的有西山茶、凝香翠茗、伏侨绿雪、南山白毛茶、凌云白毫茶、桂林三青茶；花茶类有石乳牌茉莉花茶、桂林市的桂花茶；黑茶类有六堡茶等；红茶有广西红碎茶。

273 六堡茶有何特点

广西黑茶最著名的是梧州六堡茶，因产于梧州市苍梧县六堡乡而得名，已有上千年的生产历史。除苍梧县外，贺州、横县、岑溪、玉林、昭平、临桂、兴安等地也有一定数量的生产。六堡茶是特种黑茶，品质独特，香味以陈为贵，在港澳、东南亚和日本等地有广泛的市场。

六堡乡地处崇山峻岭，树木翳天，雾气多，空气湿润，每天午后，太阳不能照射，则蒸发少，故茶叶厚而大，味浓而香。

六堡茶汤色呈黄红色，汤味呈现出浓、醇、陈的特点，叶底颜色为黄褐色。

六堡茶

六堡茶茶汤

274 影响六堡茶品质特征的一道特殊工序是什么

六堡茶的制作工艺包括杀青、揉捻、渥堆、复揉、干燥五道工序。沤堆是加工六堡茶的一道特殊工序。沤堆就是将揉好的茶坯放入箩内或堆放在竹笪上进行发酵，这是决定六堡茶色、香、味的关键工序。一般堆高30～50厘米，放入箩内，每箩装湿茶坯15千克左右，沤堆时间在15小时以上，茶堆温度一般在40℃左右为宜。如温度超过50℃，则会烧堆，因此在沤堆过程中要注意翻堆散热。

275 六堡茶有何功效

六堡茶属于温性茶，除了具有其他茶类所共有的保健作用外，更具有消暑祛湿、明目清心、帮助消化的功效。六堡茶具有更强的分解油腻、降低人体类脂肪化合物和胆固醇的功效，长期饮用可以健胃养神、减肥塑身。

276 凌云白毫茶有何特点

凌云白毫茶产于广西壮族自治区凌云县，又名"凌云白毛茶"，为历史名茶，创始于清代。凌云县地处广西壮族自治区西北部、云贵高原向东南倾斜的延伸部分。茶产区主要分布在海拔1200～2300米的岑王老山一带，终年云雾缭绕，气候温暖，雨量充沛，空气湿润，冬暖夏凉，霜雪罕见，春夏更是"晴时早晚遍山雾，阴雨成天满山云"，土地肥沃，是茶树生长的天然佳境。

凌云白毫茶用凌云白毫茶茶树品种的鲜叶加工而成。鲜叶芽叶肥壮，呈黄绿或绿色，茸毛特多，持嫩性强，发芽密度稀。凌云白毫茶干茶白毫显露，条索紧细微曲。冲泡后，汤色翠绿，香气馥郁持久，滋味浓厚鲜醇，回味甘甜，耐冲泡。

凌云白毫

凌云白毫茶汤

凌云白毫叶底

277 凌云白毫茶有明前茶吗

凌云白毫茶没有明前茶。白毫茶大约在惊蛰后萌发，在清明至谷雨期间采制的品质最佳，当地群众认为清明这一天采的白毫茶最为珍贵，仅采一个芽。特级白毫茶以初展幼芽为主，一级白毫茶以一芽一叶为主，二级白毫茶以一芽二叶为主。采下的鲜叶装入竹制茶篓，轻采轻装，以保持新鲜。

278 伏侨绿雪有何特点

伏侨绿雪产于广西壮族自治区柳城县，始制于2005年，属绿茶类。柳城县位于广西中部偏北，地势平缓，海拔200米以下，属亚热带季风区，夏热冬寒，四季分明，光照和水量丰富，土层深厚肥沃，适合茶树生长。伏侨绿雪以"干茶绿、汤色绿、叶底绿"而得名，这也是该茶叶最大的特点。

伏侨绿雪干茶外形卷曲成螺，白毫满披，形似白雪，色泽翠绿，冲泡后汤色嫩绿，香气高雅，滋味鲜醇，回味甘甜，叶底绿亮匀整。

279 伏侨绿雪的采制是怎样的

伏侨绿雪以福鼎大毫、福云六号为原料，于清明前开采，采摘肥壮的单芽。鲜叶的采摘在每年惊蛰第一场春雨过后，于晴天采摘开春后第一芽包，要求鲜叶无病虫害、无损伤，鲜叶采下后及时送厂，以保持鲜叶的鲜、嫩、匀、净。

伏侨绿雪的加工工艺为鲜叶摊放、杀青、揉捻、毛火、提毫、复火等工序。

280 "叶背白茸如雪，萌芽即采，细嫩类银针，色味胜龙井，饮之清芬沁齿，天然有荷花香气"是指什么茶

指南山白毛茶。南山白毛茶产于广西壮族自治区横县南山，属绿茶类，为历史名茶，创制于明清年间，清嘉庆十五年（1810年）被列为全国

二十四名茶之一。茶园主要分布在南山寺及南山主峰一带，海拔高800~1000米，这里山色秀丽，松木翠竹，绿荫浓郁，云雾弥漫，气候温和，年平均气温20℃左右，雨量充沛，年降雨量1500毫米以上，土层深厚，质地疏松。茶树多为中叶种，芽壮毫密，叶薄而柔嫩。

白毛茶成品条索紧细，身披茸毛，色泽银白透绿，冲泡后香气清高，有荷花香，汤色绿而明亮，滋味醇厚甘爽，回甘滑喉，叶底嫩绿。

281 南山白毛茶的采制是怎样的

南山白毛茶以南山白毛茶茶树的鲜叶为原料，采于春分至清明期间。特级茶鲜叶采摘标准为一芽一叶，一级、二级茶标准为一芽二叶。通常，制500克特级白毛茶需采4.5万左右个芽叶。鲜叶进厂后及时进行拣剔，剔去紫色叶、病虫叶及其他杂质，保持芽叶大小和色泽均匀一致。主要的工艺为摊放、杀青、摊凉、揉捻、初干、烘干六道工序。

282 横县茉莉花茶有何特点

横县茉莉花茶为花茶类创新名茶，产于广西横县茶厂。横县位于广西东南部、郁江中部，属南亚热带气候区，气候温暖，雨量充沛，光照充足，全年基本无霜，非常适宜茉莉花的露天栽培。横县的茉莉花种植，花期早（4月中旬有花）、花期长（4~10月）、产量高（亩产鲜花600千克以上）。横县栽培的茉莉花主要是双瓣茉莉，花香浓郁。

横县茉莉花茶条索紧细、匀整、显毫，冲泡后香气浓郁，鲜灵持久，滋味浓醇，叶底嫩匀，耐冲泡。

283 横县茉莉花茶产量占中国的80%，原因是什么

横县双瓣茉莉花1978年从广东引进，80年代初开始扩大种植。至2017年，横县茉莉花种植面积达到7000公顷，花茶生产厂家达130多家，加工花茶6.5万吨，从此茉莉花茶成为横县第一大产业。由于露天种植成本较低，

竞争优势明显，全国的茉莉花生产大有向横县集中的趋势。目前全国一半以上的茉莉花茶都在横县生产加工，产品主销西南、西北、北京、天津、山东等地。

茉莉花茶

284 桂平西山茶有何特点

桂平县的西山风景秀丽，盛产名茶。西山茶叶嫩条细，苗锋显露，色质青黛而有光泽，汤液碧绿而清澈透亮。茶味独具特色，春茶清香，夏茶梨香，秋茶醇香，冬茶莲香，饮后齿颊留香。

285 桂平西山茶的来历是什么

传说西山有一块巨大的棋盘石，周围树木遮天，是避暑胜地，神仙也常来此游玩。一天，东天大仙和西天大仙来此下棋，双方商定，输棋者满足赢棋者一个要求。两人下了很久，不分胜负。这时两人口都渴，西天大仙吹了口气，变出了一杯香茶；东天大仙吹了口气，变出了一杯泉水。两人你喝水，我饮茶，当西天大仙正被香茶吸引时，被东天大仙乘机将了一军，西天大仙输了。这时正巧走来几位和尚，问两位大仙是何物如此清新，得知原来是香茶。东天大仙便罚西天大仙把茶种撒在这里，让山坡上长出香茶，供人们享用。只见西天大仙吹了口气，无数茶种纷纷散落在山上。东天大仙接着吹了口气，许多泉眼也相继落在这里，涌出了泉水，泉水色白似乳，众人喊道："乳泉！"乳泉育仙茶，茶树旺盛生长，茶芽齐发，香气浓郁。后来众人都说，西山茶是仙人所赐，所以格外香甜。

中国名茶 400 问

286 桂平西山茶的采制是怎样的

西山茶从茶树的种植、施肥、采摘的时间到炒制的温度等，都十分讲究。一般从二月下旬至三月初开始采茶，一直到十一月。西山茶要经过摊青、杀青、炒揉、炒条、烘焙、复烘六道工序制成。

（十二）海南省名茶

287 海南省有哪些名茶

海南著名的茶叶，有绿茶类的保亭县五指山区的金鼎翠毫；红茶类的保亭县五指山区金眉红茶，定安县南海农场的南海红碎茶等。

除传统红茶、绿茶外，还有独具特色的雪茶、水满茶、鹧鸪茶、苦丁茶、香兰茶、槟榔果茶等。

288 金鼎翠毫有何特点

金鼎翠毫产于海南省保亭县五指山区的南部，茶区海拔400～1000米，始于20世纪90年代，属绿茶类。金鼎翠毫的适制品种为毛蟹、黄金桂，鲜叶采摘标准为一芽二叶初展。金鼎翠毫主要采用机械制作，加工工艺为鲜叶摊放、杀青、摊凉、揉捻、初烘、理条、足火等工序。

金鼎翠毫成品茶外形纤细、显毫，翠绿油润，冲泡后汤色清澈明亮，香气清高悠长，滋味醇和爽口，叶底黄绿匀齐。

289 南海CTC红碎茶为新创名茶吗

南海CTC红碎茶是新创名茶。产于海南省东北部定安县南海茶厂，属再加工茶类，创制于20世纪70年代中期，因采用CTC工艺而得名。南海CTC红碎茶的原料，来源于海南省大量引入适制红茶的国家级优良品种云南大叶种及本地选育的国家级优良品种海南省大叶种。

290 南海CTC红碎茶有何特点

南海CTC红碎茶色泽乌润，颗粒均匀。冲泡后，汤色红艳明亮，金圈明显，香气高锐持久，滋味浓厚强烈，叶底红匀鲜艳。

红碎茶　　　　　红碎茶茶汤　　　　　红碎茶叶底

291 水满茶有何特点

水满茶是五指山野茶，长年生长于云雾中，得天地精华，醇郁甘甜。成品茶条索肥壮，冲泡后香气清高持久，汤色黄绿明亮，滋味浓醇，耐冲泡。

292 鹧鸪茶有何特点

鹧鸪茶主产于万宁东山岭，叶圆味甘，是一种野生茶叶。茶汤甘洌爽口，并有好闻的药香。著名的海南东山羊食用后毫无腥膻，鲜美可口，一般认为是吃东山鹧鸪茶嫩叶的缘故。

293 香兰茶有何特点

香兰茶，是以"世界天然食品香料之王"香草兰与海南高档红茶、绿茶作原料，以现代先进工艺与吸附理论相结合研制成功的茶叶新产品，具有国际流行香型。

香兰红茶香气清甜纯正，汤色红艳明亮，滋味浓强爽口，加奶口感更好，冷饮效果尤佳。

香兰绿茶香气鲜醇隽永，汤色黄绿明亮，滋味醇厚回甘，加冰更为爽口。

294 槟榔果茶是什么

槟榔果茶是采用海南槟榔和名茶为原料制成的天然保健饮料，含有人体所需的多种氨基酸及丰富的碘、钙、铁、胡萝卜素等。具有消毒止咳、消食醒酒、提神利尿、防癌和促进新陈代谢的功能。

（十三）重庆市名茶

295 重庆市有哪些名茶

重庆地处我国茶叶重要产区，也是优质茶叶的盛产地，重庆名茶在国内外一直有着较高的美誉度。重庆名茶主要有永川秀芽、龙珠翠玉、滴翠剑茗、太白银针、鸡鸣茶、金佛玉翠、渝州碧螺春、西农毛尖、香山贡茶、天岗玉叶茶、巴南银针、巴山银芽、香山贡茶、南川红碎茶等。

296 永川秀芽有何特点

永川秀芽属针形绿茶，产于重庆市永川区，创制于1959年。永川区位于重庆市西南部、长江上游北岸，属亚热带季风性湿润气候，四季云雾缭绕，光照充足，雨量充沛，雨热同季，土壤肥力较高，非常适合茶树生长。

永川秀芽条索紧直细秀，翠绿鲜润。冲泡后，汤清碧绿，香气鲜嫩浓郁，滋味鲜醇回甘，叶底嫩绿明亮。

297 永川秀芽"紧圆细秀"独特外形的关键工艺是什么

永川秀芽采用中小叶品种的一芽一叶初展鲜叶为原料，2月下旬开采，以3月底以前采摘的早白尖5号、福鼎大白茶的鲜叶为最佳。

永川秀芽手工加工工艺包括摊放、杀青、揉捻、抖水、做形、烘焙等工序。采用捞、翻、抖、团、滚、压、抓、理、搓九大手法，逐步形成永川秀芽形秀色绿、香高味爽的独特品质，制作全程约6小时左右。

工序之中的做形是形成永川秀芽"紧圆细秀"独特外形的关键工艺，此工序主要采用抓、理、搓等手法。用单手将茶条轻轻抓至锅沿，快速翻转后沿锅壁滑至锅底，反复数次。当茶条理顺后，用单手抓起茶条捧于手心，两掌相对搓动茶条，使茶条沿虎口和鱼际慢慢落入锅中。约15～20分钟后，茶条紧细露锋，浑圆挺直，此时适当提高锅温，勤理快搓，当茶香显露、细秀有毫时起锅。

298 鸡鸣贡茶为何得到乾隆皇帝的青睐

鸡鸣贡茶是重庆传统与现代工艺相结合的名优茶，为恢复性历史名茶。清乾隆年间，鸡鸣寺官衙将茶奉贡皇帝，皇帝饮后，顿觉"芳冠云清，味播九区，焕若积雪，哗若春敷，倦解慷除"，便钦赐"鸡鸣寺院内贡茶"印模一枚，每年上贡15斤（"斤"为我国古代计量单位，现在是非法定计量单位）。"鸡鸣寺贡茶"也因此而得名，驰名于世。1986年恢复生产后，更名为"鸡鸣贡茶"。

299 鸡鸣贡茶有何特点

鸡鸣贡茶产于重庆市城口县大巴山，茶区气候温和湿润，常年雨量充沛、云雾缭绕，土质肥沃，为茶树生长提供了得天独厚的地理环境和气候条件。鸡鸣贡茶采用冬青大茶树品种为原料，清明前开始采摘。鸡鸣贡茶采用机械化与手工相结合的加工工艺，包括鲜叶摊放、杀青、初揉捻、烘二青、复揉捻、做形、足火干燥等工序。

成茶外形纤秀紧结，色泽油绿光润，冲泡后汤色嫩绿明亮，香气高爽持久，滋味鲜爽醇厚，叶底黄绿明亮。

300 滴翠剑茗有何特点

滴翠剑茗产于重庆市万盛区，为恢复性历史名茶。始于唐朝开元年间，后失传，20世纪90年代经研究恢复生产。万盛区位于大娄山脉重庆市黑山谷支线，茶区雨量充沛，气候温和，土壤属红壤，适合茶树的生长。滴翠剑茗原料以川茶、福鼎大白茶品种为主，采摘期为清明前至谷雨后十天，采摘标准以单芽、一芽一叶初展鲜叶为主。

该茶外形扁平似剑，挺直秀丽，色泽嫩绿黄润，冲泡后香气高而馥郁，汤色嫩绿匀亮，滋味鲜嫩醇爽，叶底明亮。

301 滴翠剑茗的来历有何历史渊源

唐开元十二年（724年）春，诗仙李白"辞亲远游，仗剑去川"，赴南天门（位于今重庆万盛石林）拜望恩师赵处士，见他抚剑品茶，透茶香悟剑气，已达"心剑合一"的境界。临别时赵处士将茶与剑皆赠予李白，剑名"滴翠"。天宝元年（742年），李白奉诏入长安，向玄宗引荐此茶，玄宗大喜，问："此茶何名？"李白为感师恩，答："滴翠剑茗"。

302 香山贡茶有何特点

香山贡茶产于重庆市奉节县的白帝、新民两镇，为历史名茶，始于唐代，后失传，1991年恢复生产，属绿茶类。茶产区主要的茶树品种有福鼎大白茶、福鼎大毫茶、名山早、四川中小叶群体种。香山贡茶以福鼎大毫茶为主要原料，于清明前后开采，采回的鲜叶要先分级，分级后的鲜叶薄摊在簸席上，放置在通风避光的地方，剔除不合质量标准的紫色芽叶、破损芽叶、病虫芽叶和异物。

香山贡茶外形条索紧秀匀直，锋苗显露，色泽银绿隐翠；冲泡后，香气浓郁持久，汤色嫩绿清澈，滋味鲜爽回甘，叶底黄绿明亮匀整。

303 天岗玉叶茶有何特点

天岗玉叶茶产于重庆市荣昌县，始于992年。成茶外形扁平挺直，苗锋显露，色泽翠绿显毫，冲泡后香气浓郁持久，汤色嫩绿明亮，滋味鲜醇爽口，叶底黄绿匀亮。

304 天岗玉叶茶的加工工艺中为何没有揉捻工序

天岗玉叶茶属于扁形名优茶，扁形名优茶一般不经过独立的揉捻，而是在适宜的温度条件下，使用特定的手法，结合杀青、做形、干燥等工艺，将揉捻的功能揉合在内，塑造出特定的外形和规格；而针形、卷曲形、球形等名优茶，则把揉捻作为主要的做形工序，有的名优茶为满足做形需要，将揉捻分为初揉和复揉两个阶段。因此，应根据名优茶的不同品质要求，采用适当的揉捻方式。

305 金佛玉翠茶有何特点

金佛玉翠茶产于重庆市南川区金佛山国家级风景名胜区和重庆市生态农业大观园，创制于1993年。南川自唐代以来就产饼茶，制作技术精细，饮用方法讲究，被列为贡茶，为涪州名茶之首。

金佛山是典型的亚热带季风气候，气候温和湿润，雨量充沛，日照时间长，形成茶树生长的天然佳境。金佛玉翠选用福鼎大白茶、巴渝特早等茶树品种为原料。采摘标准为一芽一叶初展，要求芽叶匀整、新鲜洁净，无紫色叶、鱼叶、鳞片和病虫叶。

金佛玉翠茶条索紧细挺直，色泽翠绿，冲泡后汤色黄绿明亮，香气鲜嫩持久，滋味鲜醇回甘，叶底黄绿嫩匀。

306 四川茶叶"五朵金花"中有南川红碎茶吗

南川红碎茶产于重庆市南川区的大观、鸣玉、水江、南平等地。曾获1986年日内瓦第二十五届国际食品博览会金奖，1988年中国世界博览会金奖，被誉为四川茶叶"五朵金花"之一。

南川红碎茶创制于1975年，至今已有40多年的历史。南川红碎茶原料多采自大叶种茶树，素以浓、强、鲜、香和质量稳定享誉全球。成茶外形颗粒紧结重实，冲泡后滋味浓强鲜爽，汤色鲜红明亮，叶底红亮嫩匀。

（十四）四川省名茶

307 四川省有哪些名茶

四川由于地势的原因，非常适合茶树的生长，是我国历史悠久的茶叶产区。

四川省主要的名茶有蒙顶甘露、蒙顶黄芽、巴山雀舌、青城雪芽、竹叶青、仙芝竹尖、绿昌茗雀舌、花秋御竹、文君绿茶、峨眉毛峰、红岩迎春、龙都香茗、川红工夫、四川边茶等。

308 竹叶青名字的由来是什么

竹叶青茶产于四川省乐山市峨眉山一带，属扁形炒青绿茶。今天的竹叶青茶是在总结峨眉山万年寺僧人长期种茶制茶基础上发展而成的。竹叶青茶的命名，尚有一番来历。1964年，陈毅元帅游峨眉山万年寺品茶，赞美茶形美似竹叶，汤色清莹碧绿，遂给此茶取名为"竹叶青"。

309 竹叶青的采制是怎样的

竹叶青茶采用的鲜叶十分细嫩，加工工艺也十分精细。一般在清明前3～5天开采，采摘标准为一芽一叶或一芽二叶初展，要求鲜叶嫩匀、大小一致。加工工艺分为摊凉、杀青、冷却、理条、做形、辉锅、精制等工序。

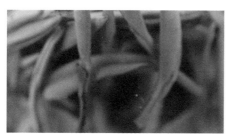

竹叶青茶

310 竹叶青有何特点

竹叶青成茶外形扁平，两头尖细，形似竹叶；冲泡后，香气高鲜，汤色清澈明亮，滋味浓醇，叶底嫩绿匀整。竹叶青按品质分为品味、静心、论道三个等级。

311 "扬子江心水，蒙山顶上茶"的诗句是咏诵哪种茶的

"扬子江心水，蒙山顶上茶"，是咏诵蒙顶茶的著名诗句。由于茶树主要生长在四川蒙山顶，故名"蒙顶茶"。史料记载，唐代开始进贡此茶，直至清末。蒙顶茶种类很多，主要名品有甘露、黄芽、石花、玉叶长春、万春银针五种，以蒙顶甘露品质最佳。

312 为何把蒙顶茶奉为"仙茶"

四川蒙山也叫蒙顶山，古人用"上有天幕覆盖，下有精气滋养"来形

容蒙顶山的自然环境。蒙顶山产茶已有两千余年历史。茶树终年生长在云雾弥漫的山顶，吸纳天地灵气，所以当地百姓认为此茶"少饮可疗宿疾，久饮可以长寿"，因此将蒙顶茶奉为"仙茶"。

313 蒙顶甘露茶名的由来是什么

据古代碑记记载，西汉甘露元年（前53年），"茶祖"吴理真曾在蒙顶山种下了七株茶树，这大概是世界上有关人工种植茶树的最早记载。吴理真在宋代被封为甘露普慧妙济大师，"甘露"茶名由此而来。

314 蒙顶甘露有何特点

蒙顶甘露产于四川省蒙山，是我国名优绿茶珍品之一，曾一度失传，1959年才恢复生产。蒙顶甘露的采摘标准为单芽和一芽一叶初展。每年春分时节，当茶园有5%的茶芽萌发时便可准备开园采摘，这时采制的蒙顶甘露最为珍贵。蒙顶甘露分为特级、一级和二级共三个等级。

蒙顶甘露外形紧卷多毫、嫩绿，内质清香，汤色黄中透绿，清澈明亮，滋味鲜爽醇厚，回味清甜。

蒙顶甘露

蒙顶甘露茶汤

蒙顶甘露叶底

315 蒙顶黄芽有何特点

蒙顶黄芽，产于四川省雅安市蒙顶山，是蒙顶茶中的极品，为黄茶类。蒙顶山终年烟雨蒙蒙，云雾缭绕，土壤肥厚，为蒙顶黄芽的生长创造了极为适宜的条件。自唐至清，此茶皆为贡品，是我国历史上最有名的贡茶之一。

蒙顶黄芽采用明前全芽头制作，每500克干茶需要4～5万个芽头，采用传统炒闷结合的工艺。蒙顶黄芽外形扁直，芽毫毕露。冲泡后，甜香浓郁，汤色黄亮，滋味鲜醇回甘，叶底嫩黄匀齐。这种冲泡后的"黄叶黄汤"，是制茶过程中进行闷堆渥黄的结果。

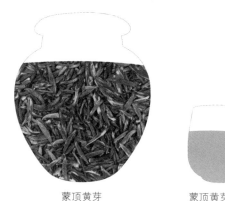
蒙顶黄芽

蒙顶黄芽茶汤

蒙顶黄芽叶底

316 青城雪芽有何特点

青城雪芽产于四川都江堰青城山，创始于1959年。青城茶见于唐代陆羽的《茶经》，青城山在宋代即设茶场，并形成传统工艺。青城山海拔2000余米，峰峦重叠，夏无酷暑，冬无严寒，雾雨蒙蒙，年均气温15.2℃，年降水量1225.2毫米，日照190天，土壤为酸性黄棕紫泥，土层深厚，土壤肥沃，通透性较好，保肥力强，是得天独厚的产茶地。

青城雪芽在清明前6、7天开采，至清明后3、4天结束。青城雪芽条索秀丽微曲，白毫显露，香高味爽，汤绿清澈明亮，耐冲泡，叶底鲜嫩匀整。

317 "愿得一心人，白首不相离"描写的是汉代司马相如与卓文君的凄美爱情故事，以其中女主人公命名的茶叶是什么茶

是文君绿茶。

相传卓文君是汉代临邛（今四川省邛崃市）大富豪卓王孙的掌上明

珠，是汉代的著名才女。青春寡居在家。时值年少孤贫的大才子司马相如前来拜访时任临邛县令的同窗好友王吉，王吉在宴请时邀请了卓王孙作陪。后来卓王孙为巴结县令，请司马相如来家做客。文君同相如一见钟情，私奔成都。他们安于清贫，自谋生计，在街市上开了一个酒肆。

后来，卓文君作《白头吟》："凄凄复凄凄，嫁娶不须啼。愿得一心人，白首不相离……"因邛崃流传着卓文君与司马相如的爱情佳话，故以茶名为纪念。

318 文君绿茶有何特点

文君绿茶，产于四川省邛崃市，1979年创制。邛崃位于成都平原西部的邛崃山脉，是个古老的茶区，种茶制茶历史源远流长。茶区竹木苍翠，雨量充沛，多云雾，土壤肥沃，自然环境得天独厚。

文君绿茶成茶条索紧曲披毫，色泽嫩绿油润，栗香浓郁，滋味清醇回甘，叶底嫩绿匀亮。

319 花秋御竹是历史名茶吗

花秋御竹是历史名茶，产于四川省邛崃市，创制于清康熙年间，后失传，近年来经研究后恢复生产。花秋茶有着深厚的历史文化底蕴。清代吴秋农饮后写诗赞曰：性醇味厚解毒疠，此茶一出凡品空。自此花秋茶名扬天下，香飘四海。

320 花秋御竹有何特点

花秋御竹产自四川省邛崃市花秋堰，茶区海拔800～1000米，气候温暖，雨量充沛，日照时间长，土地肥沃，非常适宜茶树生长。

花秋御竹成茶条扁平直，色泽翠绿油润；冲泡后，汤绿明亮，鲜香浓郁，味醇爽甜，杯中茶芽似雨后春笋，又似少女亭亭玉立。

321 龙都香茗是什么茶

龙都香茗，产于"四川花茶之乡"自贡市荣县，毗邻"恐龙故乡"自贡市，因此这一地区亦称"龙都"。荣县自古产茶。中华人民共和国成立后，四川茶叶生产有了较大的发展。1987年自贡市佛山茶厂创制了龙都香茗。

龙都香茗为特种茉莉花茶。选用四川中小叶种茶树鲜叶，于清明前后15天，采摘一芽一叶初展到一芽二叶初展的细嫩芽叶为原料，制成烘青绿茶。之后选用优质茉莉花，采取四窨一提的窨制方法，制成龙都香茗茉莉花茶。

龙都香茗外形秀丽显毫，花香浓郁而持久，汤色黄绿明亮，滋味醇厚鲜爽。

322 川红工夫有何特点

川红工夫产自四川宜宾等地，创制于20世纪50年代，是我国高品质工夫红茶的后起之秀，以色、香、味、形俱佳畅销国际市场。

川红工夫

川红工夫条索肥壮、圆紧，显毫，色泽乌黑油润。冲泡后，汤色红亮，香气清鲜带果香，滋味醇厚爽口，叶底红明匀整。

323 川红工夫中品质最好的是哪种

川红工夫中，品质最好的是早白尖。早白尖，原产筠连县，这种茶树发芽早，每年3月中旬前后就可以开始采摘。早白尖因茸毛多，芽尖呈银白色而得名。

324 四川黑茶是如何起源的

四川黑茶起源于四川省，产生年代可追溯到唐宋时茶马交易中早期。茶马交易最早交易的是绿茶。当时交易茶的集散地为四川雅安和陕西汉中。当时交通不便，只能靠马驮，由雅安出发到西藏至少有两三个月的路程。由于当时没有遮阳避雨的工具，因此雨天茶叶常被淋湿，天晴时茶又被晒干，这种干、湿互变过程使茶叶在微生物的作用下发酵，产生了品质完全不同于起运时的茶品，因此，"黑茶是马背上形成的"说法是有道理的。久而久之，人们在初制或精制过程中增加了一道渥堆工序，于是就产生了黑茶。

325 四川边茶分为哪几种

四川边茶分南路边茶和西路边茶两类。四川雅安、天全、荥经等地生产的南路边茶（藏茶），过去分为毛尖、芽细、康砖、金玉、金仓，现在简化为康砖、金尖两个花色，主销西藏，也销青海和四川甘孜藏族自治州。南路边茶制法是将用割刀采割来的枝叶杀青，再经过多次的扎堆、蒸馏后晒干。南路边茶为黑茶，制法复杂，经过三十多道工序制成。

四川灌县、崇庆、大邑等地生产的西路边茶，蒸后压装入篾包制成方包茶或圆包茶，主销四川阿坝藏族自治州及青海、甘肃、新疆等省、自治区。西路边茶制法简单，将采割来的枝叶直接晒干即可。

金尖茶

康砖茶

（十五）贵州省名茶

326 贵州省有哪些名茶

贵州是茶树的原产地之一，也是国内茶叶生产地中唯一兼具低纬度、高海拔、少日照等特点的省份，长年出产高品质绿茶。一千多年前的陆羽《茶经》就对贵州茶有"其味极佳"的评价。

贵州省主要名茶有都匀毛尖、贵定雪芽、遵义毛峰、湄江翠片、湄潭翠芽、羊艾毛峰、绿宝石、瀑布毛峰、梵净翠峰、凤冈锌硒绿茶、贵隆银芽等。

327 都匀毛尖茶名的由来是什么

都匀毛尖，曾称"细毛尖""白毛尖""鱼钩茶"，产于贵州省都匀市，属卷曲型炒青绿茶，为传统历史名茶之一，明朝时被列为贡品，因产于都匀而得名。历史上的毛尖制作工艺曾一度失传，直至1973年新的毛尖茶试制成功。

328 都匀毛尖的采制是怎样的

都匀毛尖一般在清明前后采摘，采摘标准为一芽一叶或一芽二叶初展，要求芽叶的嫩度和长度标准，鲜叶长度不超过2.5厘米，色泽匀称。一般炒制500克高级毛尖茶大约需要5万个芽头。炒制工艺分为杀青、揉捻、搓团提毫、干燥四道工序。

329 都匀毛尖有何特点

都匀毛尖成茶外形紧细卷曲，白毫显露，色泽绿润，冲泡后汤色黄绿明亮，香气清嫩，滋味鲜爽回甘，叶底匀齐。著名

都匀毛尖

茶界前辈庄晚芳先生曾写诗赞曰：雪芽芳香都匀生，不亚龙井碧螺春。饮罢浮花清爽味，心旷神怡功关灵！

330 遵义毛峰有何特点

遵义毛峰产于遵义市湄潭县，创制于1974年。湄潭县是贵州省最大的茶叶基地县，产茶历史悠久。遵义毛峰茶以每年开园头15天左右的福鼎大白茶一芽一叶初展至一芽二叶茶青为原料，通过摊青、杀青、摊凉、揉捻、初干、理条、搓条、提毫、足干等工序炒制而成。1995年开始半机械化加工，2007年实现了连续清洁化生产。

遵义毛峰成茶外形紧细圆直，白毫显露，色泽翠绿油亮，冲泡后香气鲜嫩持久，汤色碧绿明净，滋味清醇爽口，叶底嫩绿鲜活。

331 遵义毛峰是为何创制的

遵义毛峰是为纪念著名的遵义会议而创制的。遵义毛峰有独特的象征意义：条索圆直、锋苗显露，象征着中国工农红军战士大无畏的英雄气概；满披白毫、银光闪闪，象征着遵义会议精神永放光芒；香高持久，象征着红军烈士革命情操世代流芳。

332 湄江翠片和湄江茶是一种茶吗

湄江翠片又名湄江茶，它们指的是一种茶品。湄江茶因产于贵州省湄潭县的湄江河畔而得名，创制于1940年，为贵州省名茶，1980年改名为"湄江翠片"。湄江河两岸气候湿润，土层深厚肥沃，土质疏松，为酸性或微酸性土壤，年均气温在15℃左右，茶园海拔750～1200米，昼夜温差大。湄江翠片于清明前后15天采摘，以清明前采摘最佳。

湄江翠片成茶外形扁平匀直，形似瓜子。冲泡后茶条像一朵朵一芽一叶的小花在杯中绽放，散发出一股股清香嫩爽的茶香。

333 湄潭翠芽有何特点

湄潭翠芽为扁形绿茶，产于贵州省湄潭县一带。

湄潭翠芽干茶外形扁平光滑，色泽绿润，冲泡后汤色嫩绿、清澈，香气嫩香持久，滋味鲜爽回甘，叶底细嫩匀齐。

334 绿宝石茶有何特点

绿宝石茶产于贵州省凤冈县，创制于2003年，贵州十大名茶之一，为绿茶类。凤冈县位于贵州省遵义市东部，冬无严寒，夏无酷暑，雨热同季。茶区位于丘陵地带，土地肥沃，富含锌、硒元素，凤冈县有"中国富锌富硒有机茶之乡"的称号。

绿宝石茶呈盘花形颗粒珠状，色泽绿润、光洁带毫，冲泡后茶叶自然舒展成朵，嫩绿鲜活，汤色清澈绿亮，栗香浓郁，滋味回甘醇厚，冲泡七次犹有茶香，享有"七泡好茶"的美誉。

335 绿宝石茶的采制有何特点

绿宝石茶原料采自无性系福鼎大白茶，大胆采用一芽二三叶，要求所采鲜叶幼嫩粗壮，色泽一致。采用贵州牟氏独特制茶工艺，并结合现代先进的自动化加工技术精制而成。

336 贵定雪芽有何特点

贵定雪芽产自贵定县云雾镇云雾山腹地的鸟王村，海拔1400米左右，品种是云雾山本地的鸟王种。为唐、宋、元、明、清五朝贡茶。具有叶色绿、茸毛多、芽叶肥壮、持嫩性强的特点。成茶外形紧卷弯曲，形如鱼钩，背附一层细软白毛。冲泡后，茶汤浓酽，汤色碧绿，香气浓烈，滋味醇厚，有独特浓厚的蜂蜜香。

337 贵定雪芽的采摘有什么特点

贵定雪芽要求采摘细嫩鲜叶，俗称"嫩采鸦雀嘴"。全年采摘五轮左右，均为春茶：清明前后采头道茶，谷雨采二道茶，立夏后采三道茶，最多采2、3次。不采秋茶。采摘标准以一芽一二叶为主。

338 羊艾毛峰有何特点

羊艾毛峰产于贵阳市西南远郊区的羊艾茶场，属绿茶类名茶，1960年研制成功。羊艾茶场早春多云雾，空气湿润，为茶芽的持嫩性及优异品质提供了良好的自然条件。

羊艾毛峰茶外形细嫩匀整，条索紧结卷曲，银毫满披，锋苗毕露，色泽鲜活，含绿欲滴；冲泡后，清香馥郁，滋味清醇鲜爽，汤色、叶底嫩绿匀亮，鲜嫩如生。羊艾毛峰的质、形、神均优，色、香、味、形独特，堪称茶中珍品。

339 羊艾毛峰茶美好的外形是否与茶树品种有关

羊艾毛峰茶美好的外形与茶树品种有关。羊艾毛峰的适制茶树品种为驯化后的滇北"十里香"早芽种小叶型群体品种，比周边茶树品种的春季开园时间约提前八天，抗逆性强，采摘时间长。新梢叶背茸毛较密，所制干茶银毫显露，为外形增添无限美感。

340 贵州省比较著名的红茶是哪种

贵阳羊艾茶场生产的红茶是贵州省红茶中最出色的一种，在1979年长沙全国茶叶会议上获"红冠军"称号。它集红茶的浓、强、鲜于一身，条索粗壮，色泽乌黑，茶汤红艳明亮，收敛性强，茶味香浓鲜爽。

（十六）云南省名茶

341 云南省有哪些名茶

中国是茶叶的故乡，云南是中国茶叶的原产地。云南省发现多处野生大茶树，普洱市镇远县有一株三千年树龄的"野生茶树王"，西双版纳傣族自治州勐海县南糯山有栽培了八百多年的"茶王树"，这些依然健在的茶树王是云南悠久茶叶发展史的有力佐证。

乔木型云南古茶树

茶谚曰：高山云雾出名茶。云南省地处高原，但纬度较低，气候温暖湿润，雨量充沛，"晴时早晚遍地雾，阴雨成天满山云"。土壤中又富含有机质，适于茶树生长。当地得天独厚的自然环境有利于茶树的芽叶长期保持鲜嫩，进行光合作用，增加养分的积累，提高茶叶中蛋白质、氨基酸、维生素、咖啡碱、茶多酚、芳香油等有效成分的含量，因而云南茶叶的内在品质特佳。

长期以来，经过各族人民的辛苦培育，云南大叶种茶已成为驰名中外的优良茶树品种，以云南大叶种鲜叶制出了各类名茶，主要有宝洪茶、南糯白毫、云龙绿茶、墨江云针、景谷大白茶、佛香茶、版纳曲茗、白洋曲毫、徐剑毫峰、大理感通茶、滇红、沱茶、普洱茶等。

342 如何定义普洱茶

普洱茶是以符合普洱茶产地环境条件的云南大叶种晒青茶为原料，采用渥堆工艺，经后发酵（人为加水提温促进细菌繁殖，加速茶叶熟化，去除生茶苦涩以达到入口顺滑、汤色红浓的独特品性）加工形成的散茶和紧压茶。

普洱茶汤色红浓明亮，香气独特陈香，滋味醇厚回甘，叶底红褐均匀。

343 普洱茶名的由来是什么

普洱茶主要产于云南西双版纳傣族自治州和普洱市一带。普洱市是普洱茶的故乡，著名的茶产区和茶文化的起源地，也是茶马古道的源头。普洱市原名思茅，普洱这个名字由来已久，清朝在此设普洱府，普洱茶因此得名。后来普洱茶的名声越来越响，思茅也改名为普洱，国际茶业委员会授予了普洱"世界茶源"的称号。

344 普洱茶的茶号代表什么含义

普洱茶作为商品，过去主要是边销和外销。普洱茶的花色、级别不同而且均有各自的茶号，即普洱茶的茶号。

以普洱散茶的茶号"7683"为例，前面两位数为该厂创制该品号普洱茶的年份，最后一位数为该厂的厂名代号（1为昆明茶厂、2为勐海茶厂、3为下关茶厂、4为普洱茶厂），中间两位数为普洱茶级别，数字越小表明茶叶原料越幼嫩，数字越大表明茶叶原料越粗大。因此，"7683"表示下关茶厂生产的8级普洱茶，该厂1976年开始生产该种普洱茶；"79562"表示勐海茶厂生产的5、6级普洱茶，该厂1979年开始生产该种普洱茶；"7542"表示由勐海茶厂生产的4级普洱茶，该厂1975年开始生产这种普洱茶。

345 普洱生茶与普洱熟茶有什么区别

新鲜的茶叶采摘后以自然方式陈放，未经过渥堆发酵处理的为普洱生茶。生普洱茶性较烈，新制或陈放不久的生茶有强烈的苦味、涩味，汤色较浅或黄绿。陈放多年后茶性会转温和，好的老普洱通常采用此种制法。

随着年份及存放环境的不同，普洱生茶的外形、色泽会不断变化，一般呈青棕、棕褐色，汤色也会由黄变红，香气会变得醇高，滋味醇厚，口感滑润，具有回甘、生津的特点。普洱生茶非常适合长久储存，而且随陈放时间不断变化，充分体现了普洱茶越陈越香的独特魅力。

普洱熟茶，也称人工发酵普洱茶或现代工艺普洱茶。采摘下来的鲜叶，经过杀青、揉捻、晒干制成毛茶，再采用渥堆（即人工发酵）的方法快速发酵。熟茶茶性温和，茶汤丝滑柔顺，醇香浓郁，并且会随着陈化的时间而变得越来越柔顺、浓郁。

普洱茶生茶

普洱茶熟茶

346 干仓普洱与湿仓普洱有什么区别

干仓普洱指将普洱茶存放于通风、干燥及清洁的仓库，使茶叶自然发酵，以陈化10~20年为佳。湿仓普洱指将普洱茶放置于较潮湿的地方，如地下室、地窖，以加快茶叶发酵速度。湿仓普洱由于茶叶内含物破坏较多，常有泥味或霉味。湿仓普洱陈化速度虽较干仓普洱快，但容易产生霉变，对人体健康不利。

347 七子饼的由来是什么

七子饼茶因包装时每摞有7块，每块净重357克，每筒净重2.5千克，故名"七子饼"。在云南少数民族文化中，"七"是吉祥数字，象征多子多福，七子相聚，圆圆满满。

七子饼

348 普洱熟茶中等级最高的是哪种

普洱熟茶的等级依次为宫廷、特级、一、三、五、七、九级共七个等级，宫廷普洱是等级最高的普洱熟茶。

严格意义上的宫廷普洱熟茶，是在后发酵的熟茶中，先筛，然后用镊子拣出来的，有比较好的荷香。由于原料芽茶细嫩，发酵工艺难度较大，故地道的宫廷普洱品质极佳，但是产量非常少。

宫廷普洱由于选料级别高，因此和其他级别茶相比，香气更高，口感更细腻，但耐泡度要差些。

349 普洱茶有什么功效

普洱茶具有降脂减肥、增强肠胃功能、提高机体免疫力、降血压、降血糖、降血脂等保健作用。

此外，中医还认为普洱茶具有清热解毒、消食去腻、利水通便、祛风解表、止咳生津等功效。

350 为什么说普洱茶是"可以喝的古董"

普洱茶越陈越香，被誉为"可以喝的古董"。"越陈越香"是由多种因素决定的，如储存的环境、茶的本质特性、陈放的年限等。普洱茶具有巨大的收藏价值和升值空间，年代越久价格越高，口感越好。品质好的普洱茶，每年能以10%～15%的增长率升值。但由于茶叶的特殊性，普洱茶的存放年限只能通过茶家品尝判断，没有统一标准。

普洱茶生茶

存放几年后的普洱茶生茶

351 收藏普洱茶饼需要注意哪些问题

收藏普洱茶首先要区分生茶和熟茶。熟茶的发酵已经定性，储存时间长短不会改变茶质本身。

普洱茶的储藏位置很重要。第一，必须在干仓陈化。干仓普洱不会发霉，而且虽然转化较为缓慢，但能保持普洱茶的真性。第二，温度不可骤然变化。如果仓内温差变化太突然，将会影响茶汤口感的活泼性。第三，避免杂味相混。茶叶最能吸收杂气异味，因此，应力求储存环境清洁无杂味。第四，注意茶龄寿命。普洱茶的年代寿命，到底是十年、二十年还是六十年，或一百年，没有定论资料，往往只靠品茗者的直觉研判茶叶陈化的程度。如福元昌、同庆老号普洱圆茶陈化感已到了最高点，必须加以密封，以免继续快速后发酵，造成茶性逐渐消失，品味衰退败坏。故宫的金瓜贡茶是陈年普洱茶中的绝品，陈期已一两百年，茶汤品味是"汤有色，但茶味陈化、淡薄"。

352 普洱茶膏是一种什么样的茶

普洱茶膏是将云南特有的乔木大叶种茶叶经过加工与发酵后，通过特殊的方式使茶叶的纤维物质与茶汁分离，将获得的茶汁进行再加工，还原成更高一级的固态速溶茶。茶膏的外形如焦似炭，有一种类似红糖蜜枣的香味。

353 什么是普洱茶头

在人工发酵中，因为温度、湿度、翻堆等原因，部分毛茶结块，不容易解散而形成块状普洱茶，这些茶块即为茶头。茶头冲泡后，汤色醇如红酒，入口顺滑，滋味甘醇。

354 什么是"螃蟹脚"

"螃蟹脚"是一种茶树寄生植物，因枝条为节状带毫，故被当地人称为"螃蟹脚"，据说只有在上百年的古茶树上才能找到。它和老茶树长在一起，吸了茶树的灵气。因生长极为缓慢，加上过量采摘，野生螃蟹脚的数量已极为稀少，市场价格也很高。

螃蟹脚

新鲜螃蟹脚外观为绿色，晒干后转为棕黄色。冲泡出的汤色黄绿透亮，鲜时有浓郁的特殊清香，陈化后有较浓药香味。

螃蟹脚能整合茶的品质，让茶味变得更厚、更醇、更香，苦涩味变甘醇，单薄味变圆润。螃蟹脚性寒凉，饮后回甘爽甜，具有清热解毒、健胃消食、清胆利尿、降血脂、降血压的作用，据说可治肚子疼、风湿性关节疼痛、腰肌劳损等。

355 滇红有何特点

滇红产自云南省，又称"滇红工夫茶"，属大叶种类型的工夫茶，是我国工夫红茶的新葩。

滇红工夫品质具有季节性变化，一般春茶比夏、秋茶好。春茶条索肥硕，身骨重实，净度好，叶底匀整。夏茶节间长，虽显毫，但净度较低，叶底稍显硬、杂。秋茶成茶身骨轻，净度低，嫩度不及春、夏茶。

滇红

滇红茶汤

滇红叶底

优质滇红条索肥壮紧结，重实匀整，色泽乌润带红褐，茸毫特多。金毫显露是滇红工夫最为显著的特点之一，茸毫色泽有淡黄、菊黄、金黄之分。冲泡后，香郁味浓，香气以滇西的云县、昌宁、凤庆所产为好，不但香气高长，而且带有花香；滋味则以滇南的工夫红茶为佳，具有滋味醇厚、刺激性强的特点。高档滇红，茶汤与茶杯接触处常显金圈，冷却后立即出现凝乳状的冷后浑现象。

356 南糯白毫有何特点

南糯白毫，因产于世界"茶树王"所在地——云南西双版纳傣族自治州勐海县的南糯山而得名，始于1981年，属烘青型绿茶。南糯山有1500多年的种茶、制茶历史，是我国大叶种茶的发源地。南糯山位于西双版纳傣族自治州西部，属南亚热带季风气候，四季如春，昼夜温差大，年均降雨量1500毫米左右，土壤肥沃，矿物质含量丰富，有"海绵地"之称。

南糯白毫采自云南大叶种，于清明前开采，采摘标准为一芽一叶初展。成茶外形条索紧实，挺秀匀整，白毫显露，冲泡后香气清鲜高爽，汤色黄绿明亮，滋味浓醇甜爽，叶底黄绿匀整成朵，经饮耐泡。饮后口颊留香，回甘明显。

357 墨江云针是仿日本"玉露茶"工艺炒制的吗

墨江云针产于云南省墨江哈尼族自治县。1945年从日本引进技术，仿日本"玉露茶"工艺炒制，故原名"玉露茶"。1958年改进工艺，由蒸青改为锅式杀青，提高了品质，改变了风格。1975年改名为墨江云针。

358 墨江云针有何特点

墨江哈尼族自治县位于云南省南部、普洱市东部。这里气候温和湿润，四季气温平稳，平均海拔在440～2200米。

墨江云针成茶外形条索紧直如针，油润光滑，显毫，色泽墨绿，冲泡后香气清鲜馥郁，汤色黄绿明亮，味醇鲜爽，叶底嫩匀明亮。

359 墨江云针的采制是怎样的

墨江云针采摘以一芽一叶为主，偶采一芽两叶，于三月中旬开采。加工工艺包括萎凋、杀青、初揉、做形（包括理条搓揉、碾揉、滚揉三个过程）、晾干、筛剔、补火七道工序，其中做形是云针茶的成形关键。

360 景谷大白茶有何特点

景谷大白茶产于云南省景谷傣族彝族自治县，为恢复性历史名茶，首创于清代，后失传，20世纪80年代恢复生产。景谷傣族彝族自治县位于云南省南部无量山南侧、普洱市中西部。这里气候温暖，雨量充沛，干湿分明，山峦起伏，江河切割，立体气候明显，尤其适宜茶树的生长。

现在的大白茶采用烘青茶做法。于清明前后开采，鲜叶采摘标准为一芽二三叶初展，经杀青、揉捻、烘干而成。大白茶外形条索壮实，银毫闪烁，绿润；内质香气馥郁清鲜，汤色清澈，滋味鲜醇回甘；冲泡在玻璃杯中，恰似片片玉兰花瓣悬浮水中，令人兴致盎然。

361 景谷大白茶是白茶吗

景谷大白茶不是白茶。景谷大白茶传统为晒青绿茶，后经改良，现在所制景谷大白茶为烘青绿茶。

362 白族三道茶中的"台柱茶"是什么茶

云南的感通茶是白族三道茶中的"台柱茶"。三道茶也称"三般茶"，是云南白族招待贵宾时的一种饮茶方式。驰名中外的白族三道茶，以"头苦、二甜、三回味"的特点，早在明代时就已成为了白族待客交友的一种礼仪。

363 大理感通茶有何特点

大理感通茶产于云南省大理白族自治州，为恢复性历史名茶，首创于明清时代，1985年恢复生产，因产于大理感通寺而得名。传统制成晒青或烘青绿茶，现为全炒青绿茶。感通茶生长在感通寺方圆近10平方公里的圣应峰（又称"荡山"）、马龙峰山肢一带，处在莫残溪、龙溪之间。该地区气候常年无夏，春秋相连达九个月，日照时间长，雨量充沛，土地肥沃深厚，质地偏松，排水透气性好，适宜茶树生长。

由于茶区具有雪山、云雾、清泉、沃土等得天独厚的地理气候条件，加上悠久的种茶、制茶传统，因此所产的感通茶外形条索肥硕紧实，呈弯曲状，白毫明显，色泽墨绿油润，冲泡后香气馥郁持久，有熟板栗香，汤色黄绿明亮，滋味醇厚鲜爽回甘，叶底嫩绿明亮，且经久耐泡，历来被列为待客的上品。感通碧玉茶更是上品中的珍品。

（十七）西藏自治区名茶

364 西藏自治区有什么茶

据藏族史料记载，西藏盛行饮茶之风，是从松赞干布时期与唐朝之间的茶马贸易开始的。藏族作为一个有悠久历史的民族，饮食习俗独具特色，其中酥油茶是藏族特有的营养饮料，以原料的营养性、制作方法的独特性而闻名遐迩，形成了独特的高原茶文化。

西藏本不产茶，由于地势高，气候寒冷，长期被认为是茶树栽培的禁区。但1960年以来的成功引种，证明青藏高原部分地区也具有茶树栽培的条件，且所产茶叶品质较好。西藏茶树主要分布在喜马拉雅山的东段以及雅鲁藏布江下游及其支流一带，采茶地区有察隅县、波密县的易贡、林芝县的东久等地。西藏茶树栽培海拔最高的地点为波密县易贡茶场，海拔2250米，是西藏面积最大、产茶量最高的茶场。

（十八）陕西省名茶

365 陕西省有哪些名茶

陕西茶文化历史悠久，产茶历史可追溯到三千年前。现陕西省名优茶有六十多种，目前在全国市场上最有名的有八种：午子仙毫、汉水银梭、秦巴雾毫、紫阳毛尖、宁强雀舌、商南泉茗、定军茗眉、女娲银峰。

366 紫阳毛尖有何特点

紫阳茶在唐朝前属巴蜀茶。紫阳毛尖是历史名茶，是唐代贡品金州茶的传统产品，为当时全国十大名茶之一，传统的紫阳毛尖为晒青型。紫阳毛尖产于陕西汉江上游、大巴山麓的紫阳县近山峡谷地区，这里是我国历史悠久的优质绿茶产区。

紫阳毛尖

紫阳毛尖使用的茶鲜叶采自绿茶良种紫阳种、紫阳大叶泡和紫阳槠叶种等，一般于清明前10天左右开采。干茶外形条索紧细，匀齐挺直，显毫，色泽绿润，冲泡后汤色嫩绿，清澈明亮，栗香浓郁高长，滋味鲜醇回甘，叶底绿明，肥壮匀齐。

367 紫阳毛尖含有丰富的硒元素吗

紫阳毛尖亦称富硒紫阳毛尖。紫阳县是全国四个富硒区之一，地下分布着少见的富硒岩层，土壤含硒量为3.98毫克/千克，这是紫阳毛尖天然富硒的物质基础。

368 女娲银峰有何特点

女娲银峰为绿茶，产于陕西省平利县女娲故里，始制于20世纪初。平利县种茶始于唐，兴于明，盛于清，有"贡茶之乡"的美誉，历史名茶三里垭毛尖在乾隆时期享誉朝野。

女娲银峰在夏、秋、冬三个季节均可采制。干茶圆直似针，色泽嫩绿显毫，冲泡后香气持久，滋味鲜爽，叶底嫩匀明亮。

369 汉中仙毫是怎么来的

汉中仙毫产自汉中市，汉中位于陕西省西南部，是中国茶区的北缘。汉中产茶历史悠久，古时就是"茶马交易"的重要集散地，自古至今出产名茶。

2005年，汉中将当地的二十多种茶叶品牌整合为"午子仙毫""定军茗眉""宁强雀舌"三种品牌；2007年12月，汉中市又将三种茶叶整合为"汉中仙毫"。

370 汉中仙毫有何特点

汉中仙毫干茶微扁肥壮，挺秀匀齐，色泽嫩绿显毫，冲泡后汤色嫩绿清澈，鲜爽回甘，叶底嫩绿、明亮、匀整。

汉中仙毫

（十九）甘肃省名茶

371 甘肃省产茶吗

陇南地处甘肃省东南部，与四川、陕西相邻，属亚热带与暖温带过渡地区，是甘肃省唯一的茶叶产区。碧口镇李子坝村是陇南集中种植、发展茶叶最早的地方，也是全省茶叶的发源地，被誉为"陇南茶乡"。近年来，通过不断提高采摘加工技术，陇南茶叶品质逐年提高，已有碧峰雪芽、碧口龙井、碧口毛峰、阳坝毛尖、阳坝珍眉等一批高档茶叶行销省内外，深受茶客的喜爱。

372 碧峰雪芽有何特点

碧峰雪芽产自陇南文县碧口镇碧峰沟和李子坝村，李子坝茶园自清道光年间起种茶，园内的几株老茶树，树龄均在100年以上。碧峰雪芽为条形炒青绿茶。干茶条索细紧，色泽嫩绿，冲泡后汤色绿明，香高味醇，耐冲泡。

（二十）台湾省名茶

373 台湾省有哪些名茶

台湾茶源自福建，至今约有200年历史。台湾产茶地区比较多，大致有七大茶区。海拔高度决定了台湾茶的口味，海拔越高，口味越佳。台湾茶可以冲七八泡以上，而且即使泡一天也不变色不变味，依然香味纯正。

台湾十大名茶是冻顶茶、文山包种茶、东方美人茶、松柏长青茶、木栅铁观音、三峡龙井茶、阿里山珠露茶、高山茶、龙泉茶和日月潭红茶。

374 什么是台湾的包种茶

包种茶源于福建安溪，台湾当地茶店售茶时，将两张方形毛边纸内外相衬，放入茶叶4两，包成长方形四方包，包外盖上茶行的标记，然后按包出售，称为"包种"。台湾包种茶属轻度或中度发酵茶，也称"清香乌龙茶"。

文山包种茶

台湾包种茶按外形不同可分为两类：一类是条形包种茶，以文山包种茶为代表；另一类是半球形包种茶，以冻顶乌龙茶为代表。素有"北文山、南冻顶"的美誉。

375 冻顶乌龙名字的由来是什么

冻顶乌龙俗称"冻顶茶"，产自台湾南投县鹿谷乡。相传清代咸丰年间，林凤池从福建引进青心乌龙种茶苗，种于冻顶山，据说为台湾乌龙茶之始。茶区海拔600～1000米，山多雾，路陡滑，上山采茶都要将脚尖"冻"起来，避免滑下去，山顶叫冻顶，山脚叫冻脚。因此，将从山顶采摘的茶称为冻顶茶。

376 冻顶乌龙的采制有什么独特之处

冻顶茶一年四季均可采摘，以春茶品质最好，香高味浓、色艳；秋茶次之；夏茶品质较差。主要是以青心乌龙为原料制成的半发酵茶。传统上，冻顶乌龙的发酵程度在30%左右。制茶过程独特之处在于：烘干后，需再重复以布包成球状揉捻茶叶，使茶呈半发酵半球状，称为"布揉制茶"或"热团揉"。传统冻顶乌龙带明显焙火味，近年亦有轻焙火制茶。此外，亦有陈年炭焙茶，是每年反复拿出来高温慢烘焙而制出的甘醇后韵十足的茶。

冻顶乌龙

377 冻顶乌龙有何特点

冻顶乌龙呈半球形，紧结重实，色泽墨绿油润，冲泡后汤色黄绿明亮，清香高爽，近似桂花香，滋味甘醇浓厚，后韵回甘味强，叶底枝叶嫩软，色黄油亮，带明显焙火韵味，耐冲泡。

冻顶乌龙　　　　　　　冻顶乌龙茶汤　　　　　　冻顶乌龙叶底

378 东方美人茶名字的由来是什么

东方美人茶是台湾特有的名茶，又名"膨风茶""香槟乌龙"，因茶芽白毫显著，又名为"白毫乌龙茶"。据说英国茶商将此茶献给维多利亚女王，茶汤黄亮清透的色泽与醇厚甘甜的口感，令女王赞不绝口，既然此茶来自东方，就赐名"东方美人茶"了。

379 东方美人茶有什么独特之处

东方美人茶产于台湾的新竹、苗栗一带，茶区位于海拔300～800米的丘陵地带。茶区远离城市，土壤和水均未受到工业的污染，而且山区经常雾气弥漫、水汽充足，是茶树生长的最佳环境。东方美人茶采收期在炎夏六七月，即端午节前后10天。是青茶中发酵程度最重的茶品，一般的发酵度为70%，不苦不涩。

东方美人茶最特别的地方在于茶青必须让小绿叶蝉（又称"浮尘子"）叮咬吸食，昆虫的唾液与茶叶酵素混合出特别的香气，这是东方美人茶醇厚果香蜜味的来源。茶的好坏取决于小绿叶蝉的叮咬程度，为了让小绿叶蝉生长良好，东方美人茶在生产过程中绝不能使用农药。因此此茶生产较为不易，也更显珍贵。

在制作方面，东方美人茶必须经手工采摘一芽二叶，再以传统技术精制而成。制茶过程的特点是：炒青后，需多一道以布包裹，置入竹篓或铁桶内的静置回润或称"回软"的二度发酵工序，之后再进行揉捻、解块、烘干而制成毛茶。

东方美人茶香气带有明显的天然熟果香，滋味具蜂蜜般的甘甜后韵，外观艳丽多彩，红、白、黄、褐、绿五色相间，形状自然卷缩宛如花朵，泡出来的茶汤呈鲜艳的琥珀色。它的品质特点介于冻顶乌龙茶与红茶之间，比较趋近于红茶。

东方美人茶

东方美人茶汤

380 大禹岭茶为什么被公认为台湾顶级的高山茶

大禹岭是台湾新兴的高山茶产区，茶区开垦不久，但所产的茶叶已经是公认台湾顶级的高山茶。茶区海拔2600米，寒冷且温差大，终年云雾缭绕，在气候、土壤等天然环境均佳的条件下，茶树生长缓慢，因此茶质幼嫩，茶味甘醇，加上当地排水良好的酸性土壤，造就出独一无二的好茶。

大禹岭茶产量稀少，冬茶的韵味更是丰厚，甚至有许多茶友认为冬茶的滋味更甚春茶。

冲泡后，花果香清扬芬芳，入口就能感觉到它的细腻，带有冷矿山特有的山场气息，落喉甘滑，韵味饱满，回甘迅速有层次，喉韵甚佳，回香绕舌不退。

381 梨山茶有何特点

梨山是高山茶产区，海拔2200米。四周为原始森林所包围，生长环境洁净无污染。这里长年温度低、昼夜温差大，云雾笼罩，是标准的高山茶生长环境。因梨山地区盛产高山蔬果，茶园多分布于果树中，吸收天然果香，芽叶柔软，叶肉厚，果胶含量高，香气浓郁，汤色蜜绿显金黄，滋味甘醇，滑软耐冲泡，茶汤冷后更能凝聚香甜，为台湾特选高山茶中的珍品。

382 杉林溪茶有何特点

杉林溪茶产于杉林溪，杉林溪位于台湾中部竹山，茶区海拔1900米，当地种植着数以万计的杉木，气候凉冷，终年云雾飘渺。杉林溪茶一年只采收三次，是台湾高山茶的代表品种。杉林溪茶叶厚滑软，茶香中带有特殊杉木香味，果酸含量高，耐冲泡，堪称茶中极品。

383 阿里山茶有何特点

阿里山茶产于台湾嘉义县阿里山，茶区海拔1700米。阿里山所产茶叶叶厚、柔软，尤以金萱茶更是甘醇，香气淡雅，香气中更显现出一股淡淡的奶香味，堪称高山茶中极品。

384 奶香金萱是什么茶

奶香金萱产自台湾南部嘉义县、南投县，茶区海拔1000～1600米，奶香金萱又称"金萱茶"。鲜茶浓绿有光泽，绿中带紫，密生茸毛。制作而成的乌龙茶滋味甘醇浓厚，具有类似桂花香或牛奶香，而其中又以牛奶香最受大众喜爱。茶汤呈清澈蜜绿色，口感鲜爽，滋味甘醇浓郁，喉韵甚佳，深受女性及年轻消费者喜爱。

历史名茶

贡茶制度源远流长。

唐、宋、元、明、清，

不同朝代的贡茶各有特点。

385 什么是贡茶

贡茶是中国古代专门进贡皇室供帝王将相享用的茶叶，贡茶制度是历代皇朝强加给茶农百姓的一副沉重枷锁。贡茶初始，只是各产茶地的地方官吏征收各种名特茶叶作为土特产品进贡皇朝，属土贡性质。自唐朝开始，贡茶有了进一步的发展，除上贡外，还专门在重要的名茶产区设立贡茶院，由官府直接管理，细求精制，督造各种贡茶。

无论是土贡，还是官营的贡焙，无疑都是对茶农的残酷剥削与压迫。贡茶制度实质是一种变相的"税制"，从茶业者深受其害，对茶叶生产的发展不利，这是贡茶制度的消极作用。

然而，另一方面，历代皇朝对贡茶品质的苛求和求新的欲望，迫使历代贡茶不断创新和发展，因而促进了制茶技术的改进与提高。随着历史的发展，贡茶的品目越来越多，因此，从某种意义上说，贡茶的发展为中国名茶的产生和发展奠定了基础。历史上的很多贡茶品目沿袭至今，仍然保留着它的名称和传统的品质风格，这也是历代茶人对中国茶业的贡献。

386 贡茶是从何时起源的

贡茶起源于西周初年，迄今有三千多年的历史。晋朝时有记载："土植五谷……丹漆茶蜜……皆纳贡之。"可见当时茶叶已作为一种土特产品纳贡。

387 唐代的贡茶有哪些

唐代是我国茶叶发展的重要历史时期。中唐时期，社会安定，国富民强，朝廷选择茶叶品质优异的州定额纳贡。当时的贡茶有常州阳羡茶、湖州顾渚紫笋茶、睦州鸠坑茶、舒州天柱茶、宣州雅山茶、饶州浮梁茶、溪州灵溪茶、岳州邕湖含膏、峡州碧涧茶、荆州团黄茶、雅州蒙顶茶、福州方山露芽等20多种名优茶。雅州蒙顶茶号称第一，名曰"仙茶"；常州阳羡茶、湖州紫笋茶同列第二；荆州团黄茶名列第三。产量集中地区由朝廷直接设立贡茶院，专业制作贡茶。

388 顾渚紫笋是千年贡茶吗

顾渚紫笋是千年贡茶，产于浙江省湖州市长兴县水口乡顾渚村，早在1200多年前已负盛名。唐代宗广德年间毗陵（今江苏常州）太守、御史大夫李栖筠在阳羡（今江苏宜兴）督造贡茶，适逢一位山僧献上长城（今浙江长兴）顾渚山产的茶叶，"茶圣"陆羽尝后认为此茶"芳香甘洌，冠于他境，可荐于上"，遂推荐给皇帝，并于大历五年（770年）正式列为贡茶。

顾渚紫笋茶自唐朝广德年间开始以龙团茶进贡，至明朝洪武八年（1375年）"罢贡"，并改制条形散茶，前后历时600余年。明末清初，紫笋茶逐渐消失，直至20世纪70年代末才被重新发掘出来。

389 阳羡茶是被"茶圣"陆羽推荐进入贡茶之列的吗

阳羡茶产于江苏省宜兴市，是被"茶圣"陆羽推荐进入贡茶之列的。陆羽为了研究茶的种植、采摘、焙制和品茗，曾在阳羡（今江苏宜兴）南山进行了长时间的考察，为撰写《茶经》一书积累了丰富的原始资料。陆羽在品尝佳茗后，认为阳羡茶确实"芳香冠世，推为上品"。由于陆羽的

萧翼"赚兰亭图"局部，唐代煮茶场景

推荐，阳羡茶名扬全国，并且被选入贡茶之列，故又称"阳羡贡茶"。阳羡茶不仅深受皇亲国戚的偏爱，而且得到文人雅士的喜欢。

390 千年贡茶"方山露芽"的产地在哪里

方山露芽是福建最早的贡茶。《新唐书·地理志》等史书记载：唐时贡茶地区计有十六郡，长乐郡所贡为方山露芽茶，产于长乐郡闽县光俗里（今福州市长乐市泮野村）。陆羽在《茶经》中记载："岭南，福州，生闽方山山阴县也，往往得之，其味甚佳。"这一切证明，千年贡茶方山露芽的产地就在长乐市泮野村。

391 宋代的贡茶有哪些

据《宋史》、宋徽宗赵佶《大观茶论》等记载，宋代名茶有百余种。宋代名茶仍以蒸青团饼茶为主，各种名目翻新的龙凤团茶是宋代贡茶的主体。当时"斗茶"之风盛行，促进了各产茶地不断创造出新的名茶，散茶种类也不少。

宋代，贡茶沿袭唐制，但顾渚贡茶院渐趋衰落，贡茶院南移至福建建州（今建瓯市）北苑，规模也很壮观，"官私之焙三百三十有六"，名声显赫。所产多数都是片茶（即饼茶）。片茶压以银模，饰以龙凤花纹，栩栩如生，精湛绝伦。成品茶按质量好次分为十个等级，朝廷官员按职位高低分别享用。为讨好皇室，贡茶大多取吉祥如意的名字，龙凤团饼之类建茶名目多达几十

宋代"撵茶图"局部

种，如瑞云翔龙、御苑玉芽、万寿龙芽、上品栋芽、新收栋芽、兴国岩小龙、兴国岩小凤、龙团胜雪、试新銙、贡新銙、上林第一、乙液清供、承平雅玩、龙凤英华、玉除清尝、启沃承恩、玉叶长春、大团（团茶）、大龙、大凤、小龙（小龙团）、小凤（小凤团）等。

宋徽宗《大观茶论》记载："本朝之兴，岁修建溪之贡，龙团凤饼，名冠天下……故近岁以来，采摘之精，制作之工，品第之胜，烹点之妙，莫不盛造其极。"宋朝贡茶把我国茶叶制造技术、品饮技艺提高到一个新水平，茶叶的饮用价值和工艺欣赏价值完美地结合起来了。

北苑团茶最精美、最高峰当是宣和年间郑可简任福建漕运使，始制银线小芽，号龙团胜雪，并把团茶分成细色五纲（试新、贡新、龙团胜雪、无比寿芽、太平嘉瑞）等四十三个品种，粗色七纲（小龙小凤、大龙大凤、不入脑上品、栋芽小龙、不入脑小凤、入脑大凤、入脑小凤）等三十一个品种。

392 风靡宋代的龙凤茶究竟是什么茶

龙凤茶（亦称"龙团凤饼茶"）产于福建建州（今建瓯市）北苑，名称取自原产地北苑的龙山和凤凰山，有龙凤呈祥之意。龙凤茶是一种饼状茶团，属蒸青片类。

龙凤茶在宋代驰名天下，宋徽宗赵佶《大观茶论》载："本朝之兴，岁修建溪之贡，龙团凤饼，名冠天下。"

龙凤茶团面上印有龙凤图案。龙纹称龙团、团龙，凤纹称凤团、团凤，合称龙团凤饼。后又分为大龙团、大凤团和小龙团、小凤团四种。北苑龙凤茶是把茶膏压在定型的模具上制造出来的。模型有圆形、方形、菱形、花形、椭圆形等，上刻有龙凤、花草等各种图纹。模具有银模、铜模，圈有银圈、铜圈、竹圈。制式有龙凤者，用银铜模具，无龙凤者用竹圈。其中唯皇室饮用的，均饰以龙凤图案，以示贵重。

393 建茶在中国茶史上有什么重要地位

建茶因产于福建建溪流域而得名，历史上属福建建州，辖区以建茶、建盏、建本、建版、建木闻名于世。建茶产茶区以宋代福建建州建安县的北苑凤凰山一带为主体。

建茶的重要地位：① 中国御贡史最长。北苑贡茶代表了我国团茶制造的最高工艺，成为中国最著名的贡茶。② 制茶工艺最精。建茶的采制有一套较为完善的、独特的制作工艺，从采摘到制成茶饼，每个工序都有十分讲究和严格的要求。

394 龙团胜雪茶是怎么研制出来的

龙团胜雪茶产自福建，是失传名茶，是宋朝时期三十八款名茶之一。建瓯北苑成形的入贡团茶，不仅品质一流，而且形态美观，有方形、圆形、圭形、花叶形，表面模印的花纹龙腾凤翔、阴阳交错、图文并茂。

《宣和北苑贡茶录》记载："宣和庚子岁，漕臣郑公可简始创为银丝水芽。盖将已拣熟芽再剔去，只取其心一缕，用珍器贮清泉渍之，光明莹洁，若银线然。其制方寸新銙，有小龙蜿蜒其上，号龙团胜雪。"用旷古未闻的银丝水芽精制而成的龙团胜雪，奢侈程度惊人。时人称："茶之妙，至胜雪极矣，每斤计工值四万"。

395 元明时期的贡茶有哪些

元明时期，贡焙制有所削弱，仅在福建武夷山设置小型御茶园，定额纳贡制仍旧实施。明太祖朱元璋出身贫寒，经过农民起义成为皇帝，他常说："民富则亲，民贫则离，民之贫富，国家休戚系焉。"在元末农民大起义期间，朱元璋转战江南广大茶区，深知茶农疾苦。朱元璋看到进贡的精工细琢的龙凤团饼茶，认为这既劳民又耗国力，于是下令罢造，"唯采芽以进"。这一举措，实质上是把我国炙烤煮饮饼茶法改革为直接冲泡散条茶，开我国千年茗饮之宗，客观上把我国造茶法、品饮法推向一个新的历史时期。

当时的贡茶有泥片茶、绿英茶、早春茶、大石枕、金片、华英、来泉、胜金、独行、灵草、绿芽、片金、金茗、大巴陵、小巴陵、开胜、开卷、小开卷、生黄、翎毛、双上绿芽、小大方、东首、浅山、薄侧、清口、雨前、雨后、杨梅、草子、岳麓、龙溪、次号、末号、太湖、茗子茶等。

明代"煮茶问道"图局部

396 "白云已化白云去，一茗香芽留此峰。"明朝白云大师为何茶而作此诗句

"白云已化白云去，一茗香芽留此峰"是明朝白云大师为贵定云雾茶所作诗句。贵定云雾茶，曾名"鸟王茶""鱼钩茶"，是中国历史名茶中的绿茶上品，因产于贵州省贵定县南部云雾镇云雾缭绕的苗岭主峰云雾山而得名。贵定有2000多年的种茶史，600多年的贡茶史。贵定云雾茶属清

清代茶具图

朝八大名茶，是贵州省唯一、全国罕见的既有史志记载又有碑文记载的贡茶。至今贵定县云雾区仰望乡苗寨仍保存着乾隆年间树立的"贡茶碑"。

贵定云雾茶芽叶肥大壮实，叶色翠绿，茸毛特多，芽形秀丽，内含物质丰富。干茶条索紧卷变曲，白毫显露，外形美观，形若鱼钩；冲泡后茶汤浓酽，汤色碧绿，香气浓烈，滋味醇厚，具有独特浓厚的蜂蜜香，饮后回味无穷。

397 清代有哪些贡茶

清朝历代皇帝喜好茶饮，清廷饮茶之风颇为盛行。清初，清宫按旗俗以饮奶茶为主，后期逐渐改为以清饮为主，调饮（饮奶茶）与清饮并用。所消耗的贡茶数量相当的大。清代贡茶由皇帝亲自选定的有洞庭碧螺春、西湖龙井、君山毛尖、普洱茶。

君山毛尖产于湖南省岳阳市洞庭湖君山岛，于乾隆四十六年（1781年）被选为清宫贡品。贵定云雾茶，从清代开始生产即作为贡茶进献清宫。在乾隆年间被列为贡茶的，还有如今仍产于福建省宁德市西天山的芽茶，产于安徽省宣州市敬亭山的敬亭绿雪等。

在清代被列为贡茶的还有今仍产于四川省雅安市名山区蒙顶山区的蒙顶甘露，从唐时起作为贡茶，直到清末才罢贡，在历史上连续作为历代宫廷贡茶，竟长达一千余年。

398 清代贡茶老君眉属于哪种茶

说法一：

《红楼梦》第四十一回写到，贾母缀绵阁底下吃了酒肉后，来到栊翠庵，妙玉忙去烹了茶来，捧与贾母。贾母道："我不吃六安茶。"妙玉笑说："知道，还是老君眉。"据中国艺术研究院红楼梦研究所注，此处的老君眉产地为湖南洞庭湖君山，因形如长眉，故名"老君眉"。历代沿作贡品。

说法二：

王郁风（安徽省黄山市歙县人，是新中国茶艺事业的见证人）考证出：明清时代，湖南君山茶不称"老君眉"。清代确有"老君眉"，产在福建省武夷山一带。

说法三：

老君眉产于福建省西北部的光泽县。《光泽县志》记载：茶以老君眉名。

399 清代中国茶的出口如何从兴盛走向衰退

早在鸦片战争前，中国茶就风靡世界，约占当时出口总额的60%左右，是中国最大宗的出口商品。到1867年出口量占世界茶叶出口量的90%以上。

自1876年开始，由于印度、锡兰（今斯里兰卡）、荷属东印度（今印度尼西亚）的红茶及日本绿茶的出口量持续增长，并逐渐瓜分世界茶叶市场，中国茶出口每况愈下。1890年，世界茶叶贸易量中，中国茶比重已降至50.9%。到1900年，中国茶出口占世界茶叶贸易量的比重只有31.3%，1913年降至21.3%，1919年更跌至10.8%。

400 清代中国茶业从兴盛走向衰败的原因是什么

中国茶业由兴盛走入衰败，有着深刻的政治与经济原因。鸦片战争以后，茶叶种植主要是适应帝国主义的需要，而且所产茶叶几乎全部为洋行、买办所吞没，出口价格脱离了国内市场，脱离了茶农生产成本，每年新茶上市时节，茶价必高，以刺激茶区增产，之后茶价便下跌，成一直线。这是中国茶业最悲惨的一段历史。